U0919726

重现霓虹

再塑美好未来的金钥匙

理　应　王伟杰　主编

上海科学普及出版社

图书在版编目（CIP）数据

重现霓虹：再塑美好未来的金钥匙 / 理 应 王伟杰 主编
. – 上海：上海科学普及出版社，2013.1
ISBN 978-7-5427-5645-9

Ⅰ. ①重… Ⅱ. ①理… Ⅲ. ①成功心理–通俗读物
Ⅳ. ① B848.4-49

中国版本图书馆 CIP 数据核字 (2012) 第 296894 号

重现霓虹——再塑美好未来的金钥匙

责任编辑：张 颖
特约编辑：王雷波 余金保 张德亮
监 制：徐 冰
制 作：郭欣中
封面设计：程 瑜

出 品：文治出版
Logea@21cn.com
021-33872559

出 版：上海科学普及出版社
（上海中山北路832号 邮政编码 200070）
http:// www.pspsh.com

印 刷：上海新文印刷厂
开 本：720 × 1000 1/16
字 数：140千字 印 张：14.5
版 次：2013年1月第1版 印 次：2013年1月第1次印刷

ISBN 978-7-5427-5645-9
定价：33.00 元

内容简介

本书探讨的是一个决定人生的重大选择：重塑自我！本书围绕这个主题，以文艺清新的语言对重塑进行重新定义，挖掘重塑的内涵，评估现在所处的位置，找到重塑的契机，启程驶向崭新的人生。书中还介绍了大量重塑心智、性格、身体、职业、人际关系及金钱观等诸多方面的策略方法，带领读者轻松踏上重塑自我的旅程。

本书是一本大众心理学读物，通俗易懂，非常适合心理学爱好者阅读。同时，适合从事心理健康方面工作的心理咨询师、心理学研究者、社会工作者以及教师等参阅，也可作为高校心理学专业和社会培训机构的辅导书。

编委名单

主　编　理　应　王伟杰

副主编　王菁华　任　惠　徐　涛

编　委　（按照姓氏笔画为序）

于京超　王怀勇　王雷波　王宗文　冯修华

朱小平　刘远珍　乔秀霞　宋成锐　汪　琴

吴　晴　罗显辉　郑海燕　林　臻　秦伟峰

徐　霁　曹　燕　傅辛元　颜秋宇

前　　言

过去30多年，加速发展的经济和急剧变化的社会，让我们进入了一个信仰缺失、价值观混乱的时代。几乎我们每个人，或者说我们整个社会都出现了严重的心理问题。有人说，21世纪是心理学的世纪，对此，我由衷赞成。

我们长期从事心理学教学和研究，从所接触到的成百上千的实践咨询案例中，我们发现，困扰人们的心理问题，都有非常相似的共性，如压力、忧郁、失眠、幸福感缺失、失恋、婚姻不睦和个人价值难以实现等。这些问题是每个人都会直接面对和急需解决的。因此，对于我们心理学工作者来说，就是要帮助人们解决生活上和心理上的这些问题，为他们指明方向，给他们提出建议，帮助他们如何用积极的心态和正确的方法去面对每个人都要走的路！

本系列丛书正是这样一套实用性非常强的心理励志类书籍，包括《心灵瑜伽》、《心有伊甸园》和《重现霓虹》三册，探讨了与我们每个人都密切相关的三个话题：压力、爱情和自我重塑。众所周知，压力是我们每天必须面对的，爱情是我们一生渴望拥有的，自我重塑则是我们要想取得更大成功必须要做出的改变。摆脱压力困扰，拥有完美爱情，重塑完美自我，这些不正是我们每个人都必须面对的吗？

与市场上其他的心理学类图书相比，本系列丛书突出的特色，就是重方法、轻理论。纯理论阐述很少，取而代之的是，提供了大

量非常有价值且非常有效的策略方法和趣味测试。在《心灵瑜伽》一书中会教给你上百种缓解或减轻压力的策略方法，这些方法仿佛一套心灵瑜伽，让你在繁忙、紧张的生活和工作中，轻松应对，快乐起航，找到平衡和安宁。同样，在《重现霓虹》一书中也提供了大量重塑自我的策略。在“重塑心智”部分就为你提供了许多实用而有趣的方法，如洗浴、香味、听音乐、想象、冥想、阅读、写日记、写自传等等。通过这些简单而有趣的方法，你可以轻松开启重塑之路，让你的人生重现霓虹。在《心有伊甸园》一书中则巧妙地设计了几十个与爱情有关的趣味测试。这些练习和测试妙趣横生且富于启迪意义，如：“‘健康吗？’测试”帮助你判断自己的爱情是否健康；“恋爱风格测试”可以测试情侣双方的恋爱风格是否一致；“合作精神测试”则是测试情侣是否具备合作精神；“金钱观测试”则是测试情侣双方对待金钱的态度是否一致等。像这样的测试在书中还有很多，让你快乐地徜徉在爱的伊甸园里。

此外，本系列丛书的语言力求亲切活泼又不失激励，文艺清新又不失严谨。丛书中我们大量使用第二人称“你”，仿若一位资深的心理专家站在读者面前，和读者对话，尤其那些平易近人的疑问句，一问一答间会让读者得到莫大的享受和放松。同时，书中一些激励性和煽动性很强的段落又会激发读者高昂的情绪，恨不得马上投入到书中那些简单而又实用的练习方法中去。

赠人玫瑰，手有余香，正是笔者编写本系列丛书的初衷。作为长期从事心理咨询的工作者，我们每天都要面对太多饱受精神折磨的咨询者，从他们无助、绝望但却对你充满渴望、信任的眼神中，感到我们有这样的使命和责任，去帮助更多的人，在每个人都要走的路上，让他们感到真正的幸福！

作者

2012年12月

目　　录

第二篇　重塑心智

第三篇 重塑你的性格

◎ 第九章 性格轮廓测试

◎ 第十章 性格重塑

第四篇 重塑身体

◎ 第十一章 寻找平衡

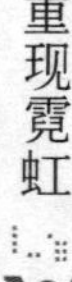

第一篇

启程驶往崭新的自己

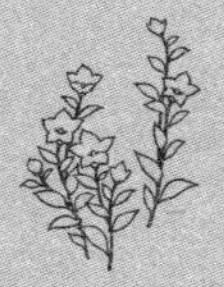

无论你将再活 40 年、60 年还是 80 年，你的生活、工作、心智、性格、身体都不会一成不变。你要随时做好重塑自我的准备，启程驶往崭新的自己。

在第一篇，我们将考察什么是重塑，什么不是，以及重塑的契机。重塑之前你还要明确：你处于什么位置？你想要达到什么位置？你是否准备好赶走那些拖你后腿的魔鬼？是否准备好战胜让大多数人碌碌无为的惰性？如果答案是肯定的，那么翻开第一页，开始本书的阅读吧。

第一章

什么是重塑

本章亮点

重塑是一次自新的机会、一段重要的位移

一千个改变的理由

不同的人以不同的方式开始重塑，譬如写作、旅行、运动等

什么不是重塑

改变从现在开始

下文摘自我最喜欢的《钢铁是怎样炼成的》一书中，主人公保尔·柯察金的名言：

人，最宝贵的是生命；它，给予我们只有一次。人的一生，应当这样度过：当他回首往事时，不因虚度年华而悔恨，也不因碌碌无为而羞耻。这样在他临死的时候，他就能够说："我已经把我的整个生命和全部精力，都献给了这个世界上最壮丽的事业——为全人类的解放而斗争。"

这些激动人心的语句自诞生以来，一直激励着许多人。也许你对生命的追求没有保尔·柯察金那么宏伟，你也没有"为全人类的解放而斗争"的奉献精神。但是，在你日复一日朝九晚五的沉闷生活时，你是否想过换一种活法，向世人展现一个不一样的你。也许

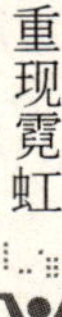

你会说："我想改变，可是我不知道如何重新开始。"不用担心，踏上重塑之路，你的人生将重现霓虹，获得一段崭新的人生。

是的，我们每个人，在人生的某个阶段必定会感觉才华被抑制了，英雄无用武之地。重塑会给我们一个自我更新的机会，例如，培养新的兴趣爱好、开展新的运动项目、学会新的娱乐方式，或者开始一项崭新的事业。也许你的追求是开一家自己的公司，成为马拉松运动员，投身公益事业，积累大量财富，或者是周游世界。无论你的理想是什么，只要从现在开始，都不算晚。

重要的位移

重塑首先是一段位移，是从A点到B点的重要的、显著的位移，无论A和B对你意味着什么。自我重塑可能发生在某一天、某一时甚至是某一点，这一过程将花费数周甚至数月，直到某个明媚的早晨你一觉醒来发现自己焕然一新。

诺贝尔文学奖得主罗伯特·弗罗斯特在他的诗《人迹罕至的路》中这样写道："树林里有两条岔路，我——选择人迹罕至的一条，这一选择让一切变得不同。"重塑事关道路的选择，无论道路平坦或崎岖，你能够自己选择路线。今天，许多人对生活的不断加速感到不适。一早醒来，他们的第一个念头是自己已经落后了，于是，步伐加速。

无论你是学生、白领、父母、主妇、企业高管、退休人员或者其他，只要你处的位置存在任何一种责任，那么在许多日子、许多时刻，你会感到时间紧迫、压力山大，乃至焦虑，而原本你并不希望在生命中的这一时刻承受这些。所以，自我重塑将有助于放慢生活的节奏。如果你刚刚开始职业生涯、进入某家新企业、参加一个新社团，你可能会发现那里的节奏很对你胃口、令你愉悦。

追求重塑的人有一个共同的特征，即他们认识到生命经得起持续的更新，通俗点说，就是经得起折腾。事实上，现在人们的寿命都在延长，自新的机会从未像今天这么多过。

改变的机会

重塑还意味着某种改变，对原来状态的离弃或润色。人类的天性使然，即使最细微的改变也常常带来不安和动荡。

成功学一直认为，一旦在头脑中树立了一个成功目标，你将不断接近这个目标，无论这种接近能否被察觉，这就是信念的力量。这一理论正在被科学所证实。信念在追求中发挥着重要的力量，无论是职业追求还是生活追求，个人追求还是集体追求，甚或整个社会的重塑都是完全可能的。例如，以前曾经有过奴隶，现在已经成为历史；以前认为“女子无才便是德”，现在却是“妇女能顶半边天”；吸烟曾经被社会广泛接受，现在人们普遍认为吸烟是一种会引发癌症、带来痛苦的不良习惯。这些都是社会重塑的结果。

整个社会都可以改变，当然你也可以。对于个人来说，你的选择几乎是无限的。个人实现改变的速度将比整个社会快得多，而且在这一过程中自己还能作一些微调和修饰。

重塑的动机

和一百个人谈论他们希望改变的理由，你可能会得到一百个不同的答案。有些人想要——

⊙ 更好的生活

⊙ 更有品味的生活

⊙ 更加快乐

⊙ 挣更多钱

⊙ 获得更多尊敬

⊙ 更高的社会地位

⊙ 更强健的身体

⊙ 更好的信仰

问问你自己：你希望改变的理由是什么？查明自己的动机，你将找到更多重塑自我的动力。

哲学家和心理学家都认为我们每个人体内都包含某些元素，推动我们寻求快乐和满足感，这一过程被称为“自我实现”。如果你追求到的快乐和满足感超越了你的想象，那就是“自我超越”。

自我实现和自我超越都是自我价值的体现——完成自己有能力完成的一切，但是很少有人能够真正实现自我。

自我实现的途径之一是消除别人的价值判断，这看起来是一个不可能实现的目标。不过，即便仅仅是尝试，你也能树立更多的自尊。

数十年来，我一直潜心研究人们的信念和成就之间的潜在联系。我坚信即便身处底层的人们，只要有雄心、有信念，也可以重新设计他们的人生。因为，每个人都有希望，都能实现自我价值！

如何开始重塑

不同的人用不同的方式开始他的重塑。有些人写下一篇理想宣言，列出他们一生想要取得的成就。有些人请求朋友定期追问自己，追求自身不断进步。有些人为自己拟定了赞歌或讣告——实质上从生命的最后写到现在，列出他们的成就，许多也许还未出现，然后，将这份文件作为人生的蓝图。你如何开始、从哪里开始并不重要，重要的是你已经开始行动。

有人开始写日记和博客，记录每天的想法和发现，以此作为记载生命旅途的生动资料。日记、博客成为每日自我反省、自我鞭策的工具。

在追求自我重塑过程中，也可以寻求精神力量的帮助，如积极的精神对话、自我激励。

总之，自我重塑有许多途径，下面按主题对重塑的途径作了分类：

⊙ **自然**：花两个星期时间出去野营；记住周围的树木和鲜花的名字和特性；驾车走遍你所在区县的所有小路；闲逛当地的所有公园和街道；成为一名背包客。

⊙ **一生**：制定一生的目标；在你退休前，要完成的工作；列出你一直想参加的五大盛事。

⊙ **事业、职业**：开始一项有规律的储蓄计划，以实现退休后的打算；发明一些东西；形成自己的人生哲学；开展自己的独创研究；成为某个领域的权威；竞选政府职位；在会议上发言；将浓厚的兴趣爱好转化为一项事业。

⊙ **旅行**：安排一次旅行；沿长城步行；访问周边国家；乘坐火车度量南美的长度；看望远方的朋友并与之一起度过一个星期；去夏威夷学习冲浪；去野生动物园狩猎；驾车穿越非洲。

⊙ **体育技艺**：学习室内滑冰；参加马拉松或铁人三项全能比赛；学太极拳；练习瑜伽；学习跳舞；步行去上班；徒步穿越沙漠；学习游泳；和朋友一起打篮球、踢足球。

⊙ **精神训练**：重返大学；学习如何解梦；追溯自己的祖先；在一年内只读古典文学作品；研究自己和别人的信仰；提高词汇量；撰写一本论文集。

⊙ **业余爱好**：学会一种乐器；学习书法或绘画；开始养鱼；从

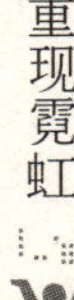

事摄影；学习烹饪；学说日语、俄语或波斯语；学习篆刻、雕塑；开始种花养草；制作工艺品。

⊙参与：参与一场演出；参加大学生戏剧节；参加有品味的社会社团；参与社区管理；在集体中生活；参加当地乐队；每月举办聚会，邀请你想认识的人参加。

⊙给予：为了他人的快乐，维护城市街道花园；订立或改写遗嘱，增加一些慈善的内容；帮助别人学习如何阅读或计算；成为精神导师；成为老大哥或老大姐；选择一家你最信任的慈善组织，定期给予捐助；训练一支队伍；从当地收容所领养一只流浪猫或狗。

什么不是重塑

竞选公职是不是一种重塑？整容算不算？重新进修呢？这三个问题的答案是一样的：视情况而定。

关于竞选公职，如果只是你职业生涯的自然延伸，你并没有感到新鲜或者受到激励，那么这就不是一次重塑。

关于整容，如果你已经整过三四次了，那就不是重塑。如果那张脸的背后没有一个新的“你”——你的思想没有改变——那也不是重塑。反之，如果整容后你感到更加年轻、更有活力、更有魅力，或者感到在人生的这一阶段获得了某种新的开始，那么谁又能说你没有重塑自我呢？

关于重新进修，如果你的老板说你必须学习一门课程，或者以你目前所受的教育不能得到你想要的工作，所以进入培训机构或成人大学，重新进修。这是一种重塑吗？大概多数人会回答“不是”。

在上面的三个例子中，判断竞选公职、整容和重新进修，是否属于自我重塑，有一些共性，这些共性包括：

⊙这是一个有意识的选择，一个自我发起的目标，是你想去做、积极地选择去做、盼望去做的事。

⊙无论这一变化如何表面化——头衔、面容、教育水平的改变——更深、更令人满意、更根本的变化已经在内部发生。

⊙很有可能，对这一活动你已经计划了很长时间。你不是一时冲动，也不是别人叫你去做，而是深思熟虑的结果。

⊙最终的改变或结果——如赢得公职、整容成功、通过课程——并非事情的终结。

在每个例子后面还存在一些更大的问题：

⊙在竞选公职的例子里，可能这一公职是为了服务他人，做有益于社区、区县、省市、国家，或者世界的事。

⊙在整容的例子里，或许你这么做是为了让自己显得更年轻，更有活力，更加自信；或许是为了寻找一个新伴侣，或许是为了保持竞争力，或许是为了庆祝长期努力获得的成功。

⊙在重新进修的例子里，可能它将提升你的境界，优化你的简历，增强你的自信，助你得到一份更好的工作，助你得到更高的薪水，证明你能够做到，缩短你和家人的学历差距，完成你数年前丢弃的东西，或者其他种种理由。

谁需要沉默的绝望

记得有位著名哲学家和作家曾经发出勇敢而坚决的断言："大多数人生活在沉默的绝望中。"这是一句准确而发人深省的论断，描述了19世纪40年代的状况，到21世纪对大多数人依然成立，区别在于现在人们可以改变这种现状。今天对普通人来说，他们能够获得自新的资源数量惊人，你无须坐等指导或鼓励。

阅读、上网、旅行、游历、培训等都是通往充满新观念的世界

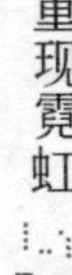

的大门。在数小时或数分钟，而不是数日、数周或数月内，你就可以轻易地积累起大量有助于实现自我重塑的参考信息资源。

今天你再没有任何理由不开始你的重塑旅程——通往任何一种你认为正确的改变。

智者忠告

◎ 重塑是从A点到B点重要的、显著的位移，无论A和B对你意味着什么。

◎ 重塑意味着对原先状态的离弃或润色，即使最细微的改变也将带来动荡。

◎ 即便身处底层的人们，只要有信心、有信念，也可以重新设计他们的人生。因为，每个人都有希望，都能实现自身的价值！

◎ 如果你想改变自己的人生，那么从现在开始，行动起来！

第二章

重塑的契机

本章亮点

每个人的生命中都会有雨季

把里程碑事件作为重塑的起点

爱情变故也可以成为重塑的契机

年龄的节点，生命的开始

每一天都存在重塑人生的机会，因为你将经历的一系列可预见的周期事件将推动你或者迫使你重塑自我。

每个人的生命中都会有雨季

美国的《身心调查杂志》上发表一组社会校准的等级测量值，这组数值揭示了人的一生会遭遇许多不幸。这些数据代表了生命中可以预测的事件对人的相对影响程度指标，它提醒我们，每个人的生命中都会刮风下雨，但同样也会出现彩虹。为什么不把这些事件的发生当作重塑自我的契机呢？

社会校准测量值

序列	事件	平均值
1.	配偶去世	100
2.	离婚	73
3.	与配偶分离	65
4.	被囚禁于监狱或其他机构	63
5.	亲近的家庭成员去世	63
6.	重大伤病	53
7.	结婚	50
8.	被解雇	47
9.	与配偶和解	45
10.	退休	45
11.	一位家庭成员的健康发生重大变化	44
12.	怀孕	40
13.	性障碍	39
14.	出现家庭新成员（例如通过出生或领养）	39
15.	重大事业调整（例如合并、重组、破产）	39
16.	财政状况出现重大变化	38
17.	好友去世	37
18.	工作行业变动	36
19.	与配偶争执（关于子女培养、个人习惯等问题）	35
20.	为大宗购买贷款（例如买房、创业）	31
21.	丧失贷款抵押品赎回权	30
22.	工作职责重大变化（晋升、降职、横向调动）	29
23.	子女离家（例如结婚、上大学）	29
24.	与姻亲发生矛盾	29
25.	杰出的个人成就	28
26.	配偶开始或减少在外工作	26
27.	开始或停止正常学校教育	26
28.	生活条件重大变化	25

（续表）

序列	事件	平均值
29.	改变个人习惯（例如着装、谈吐、交际）	24
30.	和老板发生矛盾	23
31.	工作时间或环境发生重大变化	20
32.	居住地变化	20
33.	转学	20
34.	娱乐方式发生重大变化	19
35.	社区活动重大变化（例如比平常去得更多或更少）	19
36.	社会活动重大变化（例如参加俱乐部、社会团体）	18
37.	为小笔购买贷款（例如购买家具、家电贷款）	17
38.	睡眠习惯重大变化（睡眠量或睡眠时间变动）	16
39.	家庭聚会参加人数有重大变化（明显比平时多或少）	15
40.	饮食习惯重大变化	15
41.	休假	13
42.	过节	12
43.	轻微触犯法律（例如违章停车、乱穿马路）	11

来源：福尔摩斯和莱霍《社会再适应评量表》，载《身心研究杂志》

在人生旅途上的每一点，无论经历精神上或身体上的伤痛或痛失，只要存在更高层次的觉醒或意识指导下的自由意志，你就有机会重塑你自己。

下面，我们来看看生命中哪些事件有可能成为重塑自我的契机。

搬　家

上大学、结婚、找到一份薪水不错的工作等等，都会使你离开现在居住的地方。搬家是每个人一生中都会经历的事件，同时也是一项繁重的工作。你需要把所有物品一件一件打包，装上汽车，再一件一件卸下来，重新归置，这个过程实在很烦人。

但是，你可以把搬家视为一次重塑的契机。搬家前，决定好哪些东西搬走、哪些卖掉、哪些送人。这将迫使你作出选择，重新规划你的生活，它是对现状的离弃。和新一年的开始一样，它是一块里程碑，象征着一个新时代的开始。

在新居里，可能你不仅需要一张新沙发，还需要和它相配的椅子和灯具，环境的变化会使你的整个观念都发生变化，甚至改变你的生活方式。

你的搬迁也许缘于一次晋升，无论是晋升还是搬迁，你都获得了一个新的审视人生的优势位置。这一优势位置正是你重塑自我的一个机会。

找 工 作

失业后找工作很难，在职时找工作亦非易事。开始一件新工作意味着各种挑战，反过来看这也是一次重塑自我的好机会。

尽管找工作令人头疼，但这却是一生中最好的机会，可以认真思考你想要的生活和职业。毕竟，除此之外还有什么时间你能清楚地、不受干扰地思考一下：在你的生命和职业生涯中，什么才是最重要的。

不过，随着时间流逝，你很容易陷入这种想法：“我得找到一份工作，现在就去找！”一不小心绝望就会缠住你。在我刚毕业时曾有过几次失业的经历，到第四五个月的时候，我开始感觉再也找不到工作了。我当时年轻，没有经验，放任这种感觉侵蚀我的自信心。毕竟，无论我走到哪里、做什么，我都是失业大军中的一员。人们看不出来吗？我仿佛浑身上下都是缺点。

不要让这种糟糕的感觉吞噬你的信心，你需要制定一个与现实相符的明晰的目标，作为自我重塑的起点。例如，你可以对自己说：

⊙ 6月30日之前一定要找到一份新工作，薪水应比原先的工作高出10%。

⊙ 从现在起120天内在我这个行业中找到一份经理的工作，薪水至少8000元。

⊙ 成为一名顶尖的销售人员，取得10%的佣金，这个季度末开始工作。

⊙ 两个月内找到一份大型企业的暑期兼职，每小时薪水不低于100元。

⊙ 从现在开始学好英语，争取在半年内进入一家大型外企工作。

里程碑事件

除了找工作，你的人生中一定还出现过其他对你产生过重大影响的里程碑事件，比如：

⊙ 获得大幅度的加薪。

⊙ 被组织中的高层委派去完成特别任务。

⊙ 被任命为所在团队的主管。

⊙ 一份全国性的媒体要求采访你。

⊙ 你的传记资料被收入名人辞典。

⊙ 被授予荣誉证书。

⊙ 被邀请加入一个特别的俱乐部，为地方经济发展出谋划策。

⊙ 当地报纸邀请你就某一社会热点发表高见，并刊登在评论版上。

⊙ 一本文学杂志决定发表你的诗。

无论上述各类事件何时出现，只要有新境遇，都是重新审视自我的机会。最近你的生活中发生了什么里程碑式的事件？未来还有可能出现哪些里程碑事件？过去有哪些里程碑事件你没有在意？这些事件都可以作为重塑自我的契机。

爱情变故

一段爱情的消逝是令人扼腕的，无论你的心是轻微受伤还是摔得粉碎，生活还要继续。

这段痛苦的岁月也许会持续一周、一个月、一年甚至是五年，这时你会重新考虑你需要怎样的伴侣，在开始下一段爱情之前，你要回答下面的问题：

⊙ 你想遇到哪种人？

⊙ 你愿意作出什么承诺？

⊙ 你准备作出多大牺牲？

⊙ 你想参加哪种活动？

⊙ 你将投入多少精力？

⊙ 你这次会更好地聆听吗？

⊙ 听伴侣说话至少十分钟而不打断，每周至少三次这样做。

如果你是认真的，一旦你和某人建立了恋爱关系，而且你希望维持它，做一个好听众，你可以把你的目标告诉你的伴侣，在这个过程中，你也许会改变自己的爱情观，完成自我的重塑。

你可以将所有这类问题转化为目标陈述，这有助于你确立重塑爱情的标准。以“你这次会更好地聆听吗？”为例，看上去像不像在制定的一个目标？

年龄的节点

年龄也能成为重塑中的重要因素。步入而立或者不惑之年的事实可能就足以促使你认真起来，好好规划自己的人生。整十的生日是一件大事，当你踏入30、40、50或者60岁时，意味着你人生的某个阶段已经一去不复返了。这是既美好又感伤的时刻，从此你迈入人生的下一阶段。人们在新的一年或者新的十年开始时，往往藉此激励自己，你也可以在生日时做同样的事。

比如，你一直想清理凌乱不堪的地下室，把它改造成一间办公室，但两个星期后你就要满40岁了，你会怎么办？如果你的目标是在未来两周内将地下室改造成办公室，你会比平时投入更多的精力和时间，因为你已经选择在40岁之前完成这件事。

于是，你制订了计划。把所有东西清理出来要花两天，用一天时间彻底打扫，请人粉刷、重新铺线、调整空间大约需要两天时间。用半天时间逛逛办公用品商店，采购办公桌、办公设备、纸张、文件夹、公告板、文具和电话机；另外半天，喊通信公司来安装电话，开通网络。剩下一到两天机动，以防前面哪项工作的时间太紧。

无论你选择成为什么样的人，一些传统的年龄标志都有不同的含义。16岁意味着已经成人；17或18岁，高中毕业；21或22岁，大学毕业；22岁，可以结婚了；24或25岁，研究生毕业；30岁，又称而立之年，意味着要成家立业了。

习惯上一直把40岁看作一座里程碑，俗话说“40岁生命刚刚开始”。现在许多人四十多岁依然朝气蓬勃，不妨把这句话中的40岁改成50岁。60岁一般是退休年龄。70岁之所以重要是因为这代表着男子的平均寿命，中国有句古话“人生七十古来稀”，不过现在这句话已不具什么意义。

80岁变成耄耋老人。90岁更加少见。到了100岁，你将会受到政府特别的眷顾。

结婚一周年纪念日是一块里程碑。每一个纪念日都是一次重塑自我和双方关系的机会。25周年为银婚，之后每过五年都有一个特

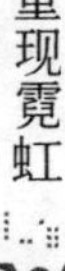

殊的名称。能庆祝50周年金婚纪念日的人很少，但你可能是这些幸运儿中的一个。

到了60、70，乃至75周年纪念日，你们也许会成为当地及网络上的热点新闻，接受网民的祝福。重点是利用这些里程碑，作为重塑自我、实现人生理想的动力。

智者忠告

◎ 在你的一生中，抓住每一个重塑自我的机会。

◎ 在搬迁、跳槽、结婚前后考虑有没有重塑自我的机会。

◎ 找出职业生涯和个人生活中每个里程碑式的时刻，这是树立新的人生理想的好时机。

◎ 当你到达30、40、50岁等整十岁的年龄节点，你会产生重塑自我的巨大能量。

第三章

评估你的位置

本章亮点

无论你处于人生的哪个阶段，首先要给自己定好位

你的经历决定了你现在的位置

你想达到什么位置和你能达到什么位置

衡量理想和现实之间的差距

在生活中，我们遇到问题总是到处寻求他人的忠告，却常常忘了我们自己。

其实要想更迅速而有效地解决问题，应当进行自我评估，自我评估将引导你重塑自我。通过本章的讨论，你能：

⊙ 找到你面临的挑战的根源。

⊙ 为你当前的位置承担更多责任。

⊙ 更迅速而轻松地完成自我重塑。

这些问题能够引起你的兴趣吗？

评估你现在的位置

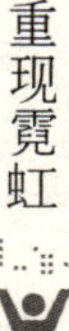

无论你处在人生哪个阶段，对自己的定位总会有些茫然。举个

例子，我有个好朋友叫苏慧，在一家大公司已经工作了很多年。在这期间，苏慧看到身边的人不断前进，或晋职或加薪，而她自己似乎永远原地踏步。苏慧并不缺乏智慧、才华，相反她非常优秀。那么，她的问题出在哪里呢？

苏慧的问题在于，她从未审视过她在公司中的位置，从来没有停下来思考一下自己的长处和短处，以及在职场上还需要掌握什么能力和技巧。她不了解别人，尤其是有权左右她职业轨迹的人。

一年又一年过去，苏慧不断哀叹失去的机会，羡慕别人的好运，抱怨公司的不公平。她把更多时间花在对制度的抱怨上而不是适应上。不过她还没有离开的打算，在基层的位子上，她感到安定，甚至舒适。

《成为领袖》一书中有这样一段话："自我重塑极其重要，如何强调都不为过。应当真正成为自己的导师，发现自己与生俱来的能量和渴望，并为它们的实现找到自己的方法。"除非苏慧找到自己的能量和渴望，不然她获得提升的机会将十分渺茫。

我还认识一个人王华，能力并不如苏慧，但他却在单位中步步晋升，他总在评估自身优势和劣势——

⊙ 当意识到自己的缺点时马上进行修正。

⊙ 定期审视当前局势，考虑还需要做什么以完善或弥补现状。

⊙ 坚持学习，使自己在技能方面更加专业。

⊙ 自愿承担工作，以拓展技术和能力。

⊙ 在地方大学听课或者参加其他成人教育项目。

全职工作、养家、读夜校，同时做到这些并不容易。不过王华对自己很诚实，他知道不进一步学习的后果、不补充专业弱点的后果，以及不按照要求工作的后果。长期来看，与其让这些后果真的发生，不如现在采取行动，付出的代价要小得多。

《心灵鸡汤》系列丛书的作者之一杰克·肯菲尔德说："你想要的每件东西，其实都在那里等你，同时它也正需要你。但是要想得到它你必须采取行动。”只有正确评估自己的现状，明确自己的追求之后，才能制订最适当的行动计划。

那些不愿进行自我评估的人经常面临窘境，不知如何承认他们犯了错误，说“对不起”。

当一个人对自己的错误和弱点表现出真诚、坦率的态度时，别人往往给予亲切的宽容。从成功重塑人生的立场来看，你需要评估自己所处的位置以及想要到达的位置。承认自己的真实现状有助于实现这一评估。

“如果你对自己都不能诚实，那你还能对谁诚实？”如果你已经这样想并这样做了，那么迈出了人生重要的一步。

列数做过、经历过的事，弄清现在的位置，你必须承认绝大多数决定都是自己作出的。毫无疑问，你是唯一一个陪伴自己走过每一步的人，因此，你必须为自己的现状负责。

如果不对自己的现状负责，你的自我重塑就会变得困难。毕竟，一个没有担当的人就是失控的！

你能达到什么位置

现在，这里有一个非常简单却有点深刻的理念：如果过去的选择将你带到今天的位置，那么你也能够选择明天将走向何方！

首先，选择一个有挑战性而又合理的目标。如果你单纯追求成为明星或者对你来说遥不可及的东西，往往意味着一种过度的挑战，只会让你灰心丧气。

但是，你选择的重塑目标依然可以十分壮丽。有一位著名主持人曾说过：“要取得生命中你想要的东西，你首先必须决定你想要得到它。”我加一句：决定以后，把目标放进抽屉里，过几天拿出来再看一遍。打磨、提炼、沉淀你的目标，然后再次搁置，不断重

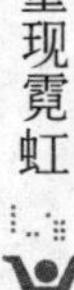

复这个过程。接着，你要做的就是付诸行动投身其中。

你想达到什么位置

评估自己的真实现状并对其负责，完成这些之后，便可以将精力投入到对理想的勾描之中了——你想对自己的哪些方面进行重塑。

为了获得灵感，为了思维更加深刻，有些人觉得应当浸入沉思冥想（参见第六章“放松身心”），在林间散步，尽可能地避开嘈杂与喧嚣。有些人则选择旅行，或者仅仅在乡间驾车欣赏沿途美景，甚至更简单，闲坐阳台，享受闲适。

找到安静的空间，然后确定自己的目标。确定目标是一个重大的价值观问题。你最看重生命中的什么？你愿意投身于什么？什么值得你投入时间和精力？

更进一步，什么值得你去尝试，即便经历了一次又一次失败？什么值得你像个傻子般一次次争取？什么真正值得你付出努力、时间或金钱，尽管当时你觉得不值得？

我发现在4100米的高空从飞机窗口往外张望，是一个绝好的反思机会，反思自己已经走过的路和将要前进的方向。

许多人在爬山时精神状态特别好，另一些人在自然界漫步时神采飞扬，还有一些人一坐上心爱的椅子就会心旷神怡。

记住：你想达到的位置，想要的人生状态，想实现的个人价值，都决定着你目标以及为之付出努力的程度。

衡量差距

如果你发现现实和理想之间相距太远，那么你首先要衡量两者之间的差距究竟多大，再决定投入你的时间、精力、资源和努力程度。你需要将具有挑战性的目标具体化。制订一个计划，不要吞下你消化不了的东西，一口一口地吃，定好行动步骤，最终走向成功。如果差距很大，你可以先决心走完一半的路程，待这一半完成之后再决定是否要继续走完余下的路。始终记住，在可能的边界内孜孜以求。

总之，面对残酷的现实与美好的理想，你不能气馁沮丧，也不能急于求成。为了实现理想，你要制订一个目标，以及包含具体措施的计划。如果这个目标很大，似乎很难达到，那么就把大目标分成若干个小目标，这样，你就比较容易达到一个小目标，再达到另一个小目标，一步一步靠近大目标，最终实现心中的美好理想！

智者忠告

◎ 要成为真正的强者就要发现自己与生俱来的能量和渴望，并为它们的实现找到可行的方法。

◎ 你的过去决定现在的位置，因为绝大多数决定是你自己作出的。

◎ 如果你过去的选择带来了你今天的位置，那么你也能够选择明天你将走向何方！

◎ 决定自己想走向何方是一个重大的价值观问题。

第四章

为大脑补充营养

本章亮点

每个人的身体中都藏着一个魔鬼

调整思路，跨越人生的路障

通过寻找参照物重新振作

通过阅读为大脑补充营养

查克·考尔逊：从水门到天堂之门

你已经决定重塑你的生活，已经明白自己所处的人生阶段，并学会利用周围的环境，已经评估自己所处的位置以及需要努力的方向，接下来要做的就是“为大脑补充营养”。你将用什么来为大脑补充营养？

身体中的魔鬼

你的周围充斥着幻觉。即使新闻媒体报道的那些反映人性光辉的故事也经过了一定渲染，你感觉自己像一个局外人往里张望。少年英雄为救落水儿童溺水身亡；电视名人号召观众伸出援手救助白血病患者；公交司机突发脑溢血依然坚持把车开到车站。乍一看我们生活的世界如天堂一般美好。

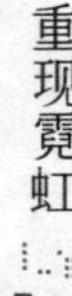

切换到自己的生活，到处是障碍，充满了挫折和烦恼。你的配偶不够理想，你的孩子不是天使，你的房子不够大，你的车子不够好，你甚至烧不出一桌可口的佳肴。你多么渴望对自己的人生进行重塑，但是应该从哪里做起呢？

首先思考，在你追求幸福的过程中是什么在拖你后腿，也许会立刻出现无数答案。你想要完成一件事情，却总有一些借口和理由不做下去。你的身体从里到外散发着无精打采、怨天尤人、刚愎自负、孤立、沮丧这些负能量。你的身体中装着魔鬼，怎么能实现从A点到B点位移呢？怎样能改变自我呢？

我不是唯一的尝试者

为了战胜身体中的魔鬼，你要对大脑进行重塑，这时重塑是一种洞察。洞察意味着一种能力，能够注意周围、分清形势、保持自信，相信自己一点不比别人差。

每当我遇到人生的路障，我就会问自己一个问题：我是唯一的尝试者吗？答案一定是否。既然我并非先驱，这意味着某个人曾做过我正在努力去做的事。于是，这又引出另一些问题：

⊙ 我能找到这样的人吗？

⊙ 我能找到介绍此人事迹的文章或网址吗？

⊙ 我能从此人的经验中得到启发吗？

每当我面临挫折或者烦恼，试图想出解决方法时，我会对自己说：“我不会是唯一试图解决这个问题的人，我不是唯一的被这个问题难住的人。”

你想改善你和伴侣的关系吗？你想徒步旅行半年吗？你想彻底换一个行业吗？你想让身材变得匀称健硕吗？无论哪一条，之前都有人做过，你只要做一点搜索工作就能找到相关的资料和经验。

努力寻找参照物

接下来就是努力寻找到参照物。去年我曾在北京举行的一个研究座谈会上发表演说。在当晚的招待会上，一位与会者向我询问，说我看起来总是神采飞扬，充满能量和热情，是否也会有情绪低落的时候。我回答“当然”。

她接着问：“那么，你是如何重新振作起来的呢？”我想了一会儿，意识到这个问题虽然听起来简单，但还没有人问过我。接着，答案出现了。“我努力寻找参照物。”她一脸迷惑地怔在那儿。我向她解释，我会努力寻找一个和我遭遇同样困境的人作为参照物进行比较。

模　　拟

找到参照物后，你要做的就是模拟这个人，这将有助于驱赶身体和大脑中魔鬼和其他在自我重塑之路上扮演拦路虎的东西。

举个最简单的例子，你的朋友取得了某项成绩，这时你相信如果他能做到你也能，在这个意义上，朋友就扮演了你模拟的对象。如果你崇拜某位名人、体育明星、作家，或者在其他领域取得较高成就的人，他就能成为你的模拟对象。

当你模拟他人时，小心避开那些成就过于伟大的人，因为那对你的行为影响极小甚至不起作用。例如，你现在30来岁，才智平平，但你的目标却是到35岁时，成为比尔·盖茨、李嘉诚那样的大富豪，这只会让你在35岁时因为依旧一文不名而灰心丧气，现实一点。

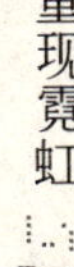

为大脑营造积极的环境

你所做的一切就是要为大脑营造一个积极的环境，而阅读正是一个好方法。今天无论你想做什么，可能都需要找一堆这方面的书来看。就你选择的主题，从网上购买或者从图书馆借阅6到12本书，在接下来的6至12个月中一个月读一本，用阅读为你的头脑充电，这些将推动你不断进步。

在旅行或度假时带上这些书，认真阅读著名作家的精彩文章，将自己的思想融入进去，最终描绘出自己的目标，找到自己的道路。

无论你在想什么，你的思维都会慢慢向外扩散。阅读也同样如此。古代哲学家说："我思故我在。"阅读有助于思维。读书可以帮助你作出新选择，可以改变你的思维方式，从而改变你的人生。

除了阅读，还有很多方法能为你的大脑营造积极的思想环境。下面为你列举了一些为大脑营造积极环境的方法：

⊙订阅一份思想积极的杂志。

⊙浏览一些内容向上的网站。

⊙阅读思想正面的书籍。

⊙观看正面的、励志的电影和电视。

⊙和积极向上的人打交道。

⊙收看、收听积极乐观的电视和广播谈话节目，远离那些选秀、综艺节目和那些津津乐道家长里短的节目。看电视时多看历史频道、学习频道，以及艺术与人文频道。

⊙阅读积极向上、振奋人心的书籍，特别是那些战胜自我命运的人物传记。

⊙阅读那些节奏明快、主题向上的诗歌。

⊙阅读有启发性的哲学类书籍。

查克·考尔逊的启示

查克·考尔逊曾是美国最有权势的人物之一。他曾担任尼克松总统的特别顾问，并被卷入臭名昭著的水门事件，因为他曾试图掩饰真相。

考尔逊在接受审判时承认他知道水门事件的始末，同时也知道其中涉及的违法财产。当时他的辩护词是他只是想尽办法争取尼克松1972年连任。水门事件后，考尔逊被判入狱，在狱中，他开始了个人重塑。

在狱中考尔逊有大量时间进行阅读和反思，他接触到刘易斯的作品。这些作品深深地影响了他，并促使他去寻找上帝。后来，考尔逊建立了一个名为“囚徒社”的组织，使囚犯能有机会净化心灵、接近上帝。

由于考尔逊在尼克松内阁中的显赫地位，以及个人命运的戏剧化转折，他受到媒体的广泛关注。起先许多人怀疑他的动机，但很快考尔逊就证明了自己的重塑是真诚的。如今，他有一个每天播出的广播节目，名为“破裂点”，从不同的角度报道新闻、阐述观点。

他曾被授予荣誉法学博士学位，对比他重塑前度过的牢狱生活，这显得有些讽刺。

虽然和尼克松相比，考尔逊离一些人比较遥远，但是我们能从他身上得到启发。他曾参与20世纪最著名的丑闻之一——水门事件。但他将这一事件以及因之受到的惩罚，作为他重塑自我的契机，最终他的精神得到了救赎。考尔逊的人生告诉我们，即便在最艰难和屈辱的时候依然可以重塑我们的人生。

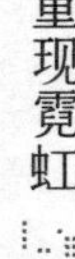

考尔逊没有躲进洞中，相反，他成为一个新人，从对人们隐瞒

真相到在人们面前展现真实的自我。相信你一定能从他的重塑中得到启发。

智者忠告

◎ 每个人重塑都会碰到各种障碍和阻力，但几乎没有什么是不能战胜的。

◎ 进行积极的内心对话，这会帮你赶走身体中的魔鬼。

◎ 用积极向上、催人奋进的信息包围自己，包括你的所读、所看、所见、所闻以及你交往的朋友。

◎ 读书是人类进步的阶梯，也是你重塑自我的起点。

◎ 要知道，你不是唯一的尝试者，在你之前一定有同样的人遇到过遇样的困境，找到他作为榜样，进行模拟，你也一样能成功。

第五章

战胜惰性

本章亮点

人生能有几回搏，此时不搏待何时

拖沓是机会的天然扼杀者

战胜拖沓的微小行动

如何解决万事开头难

自我奖励，保持动能

下面这些听起来像不像你？

⊙ 你总是踩着点进入办公室。

⊙ 你总是在事情来临时才想起准备工作还没做。

⊙ 你总是在最后一刻才完成手头的工作。

⊙ 你对自己的健康状况产生怀疑之后，要拖上几个月才去看医生。

⊙ 你的抽屉塞满杂物，但你总说“以后会找时间整理的”。

⊙ 你往往在期限截止后才开始动手。

每个人都有惰性，它使你办事拖沓，效率低下，手忙脚乱，对生活缺乏热情。如果任由惰性占据你的大脑、你的身体，你将一事无成，碌碌无为。人生能有几次搏，此时不搏，更待何时！

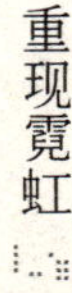

更待何时

惰性的确是希望改变的人们遇到的普遍问题。

让我来用一个最简单的物理学原理来解释，就会容易理解为何这种惰性如此强大。根据牛顿第一运动定律，即重力原理，静止的物体倾向于保持静止，运动的物体倾向于保持运动。

将牛顿定律运用到生活中，就变成这样：假如你今年 32 岁，这意味着你在到达这一点之前做过的每一件事、读过的每一本书、说过的每一句话、躺在枕头上的每一分钟都是你成为现在这样的原因。

所以，如果你32岁，你的自我塑造已经进行了32个年头。你已经形成的观点、养成的习惯，以及你的整个身体，你自认为都是完美的。你有能力改变，你有能力重塑自我，但你必须越过这32年的障碍。

如果你42岁，需要战胜的惰性会更强。

相反，12 岁或者 22 岁时你的经历要少得多，那时的你更开放、更敏感、更容易适应变化。例如，幼儿掌握第二或第三种语言比成年人容易得多，也更容易学会一种乐器或者精通一项运动。

如果你已经42岁或者更大年龄，并不是说你的重塑之路将比32岁或22岁的人艰难，因为你还有其他优势，比如你的智慧和经验比年轻人要多得多。

什么在阻挠你

如果年龄不是重塑人生的障碍，那么又是什么一次又一次阻挡你开始第一步？习惯对日常活动的影响比我们想象的要大得多。研究显示，越经常做某事，大脑中的神经元就会朝特定方向发展，从而增加不断重复的可能性。

如果你每天上班都走同一路线，日复一日，年复一年，你会很难再考虑走其他路线，除非交通状况糟糕到你愿意做其他尝试。如果你一直从事同一种健身运动，或者从不运动，很可能你还将这样下去。值得警惕的是，研究还发现如果你的习惯延续足够长时间，你将失去创造潜力。

如果你想作出改变，那么最好的时机就是现在，这是一条人生真理。就像那些总是准备下星期开始的人一样，如果不下定决心从今天开始改变，你会发现那个“下星期”永远不会到来。下周、下月或其他时间开始行动的虚假诺言，其实是一种经过伪装的拖沓。

一家上市公司的CEO曾说过：“拖沓是机会的天然扼杀者。”

战胜拖沓

推迟一项活动所要花费的精力，往往超过实际执行这一活动所需的精力。如果你有重塑自我的打算，但却不断往后拖延，其实你是在虚耗自己的能量，白白浪费自己的精力。如果一开始就行动起来，现在也许你已经获得成功了。

如果拖沓是你的敌人，那么行动就是你的朋友。根据牛顿第一定律，运动的物体倾向于保持运动状态，即便最微小的行动也能让你打破静止，从这些细小的改变开始，走上人生重塑之路，这要胜过不采取任何行动。这些微小的行动包括：

- ⊙ 打一个电话
- ⊙ 造访图书馆
- ⊙ 上网学习
- ⊙ 订购新杂志
- ⊙ 参加一个组织
- ⊙ 建一个新文件夹
- ⊙ 清理一个抽屉
- ⊙ 重新整理壁橱

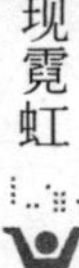

⊙ 写一封信 ⊙ 顺手帮一个忙

⊙ 出去散一会儿步 ⊙ 写一段文字

⊙ 清理书桌 ⊙ 想象自己成功

⊙ 重新安排日程 ⊙ 将任务排出优先次序

有些人之所以不能开始改变是因为他们在等待完美的时刻。如果陷入这种想法的陷阱，你永远不能从A点移动到B点。《艺术家之路》的作者朱莉娅·卡梅伦说过："完美主义不是追求最好，它追求的是我们自身最坏的部分，这部分告诉我们，我们做的每件事都可能不够好……"

如果你总在等待时机，希望自己的改变获得完美的成功，那么，其实你在浪费宝贵的时间，你正丧失自己的追求。无论何时，只有行动，才有进步。我的一位管理培训师朋友说："你只能处在现状中。"我加一句："你只能变成你下一步能变成的样子。"

如果这些对你而言太哲学化，这儿有句简单的"告别完美主义"。永远不会有完美的改变时刻，你的改变也不会是完美的，无论如何先干起来。

下面是各种打破拖沓开始行动的方法：

⊙ 把期限告诉别人，接受他们的监督。

⊙ 将书桌上与手头任务无关的东西都清理掉。

⊙ 想象你已经完成这件艰苦的工作。

⊙ 每当完成一小部分，给自己一点小小的奖赏。

⊙ 给自己留出休息时间。

万事开头难

万事开头难，你该如何跨越这个障碍呢？

如果开始一项工作有困难，可能说明你已经累了。当你有良好的休息和营养时，才能出色地完成工作。相反，当你缺少充足的休息，吃得也不好，即便最简单的工作也会显得艰难，休息好才会条理清晰。

如果采取“各个击破”的战术，战胜拖沓的机会将会更大。当你完成一项5分钟的任务，并从中得到满足感，这将为你完成下一项5分钟的任务注入更大能量，令你注意力更集中，方向更明确。

假设完成了五项5分钟任务，每项任务都给你一定的成就感，即便很小，也能推动你去做下一项工作，接着再做下面一项。从这层意义上说，五项5分钟的任务真的比一项25分钟的任务更容易完成。

如果工作开始时很艰难，答应自己只做5分钟。5分钟后你有权选择停止或继续。幸运的是，大多数时候一旦你开始工作，就更愿意继续下去。

如果一次面临许多项目，别怕，一件件完成。你可以：

⊙ 找个同伴，哪怕只有几分钟，他能帮助你开始。特别是，如果你能找到以前做过同样工作的人，帮助会更大。

⊙ 如果你发现自己不能从较难的开始做，就把一件工作和另一件相互比较。如果A任务很可怕，但是B任务更糟，两相比较，也许A看起来就不那么坏了，然后你可以开始动手做。

有时很难开始的原因在于你没有发现一些深层次的问题，而这些问题正在影响你对这件任务的感受。例如：

⊙ 也许你对这项工作抱有复杂的感情。

⊙ 也许你认为这件事对你来说没有必要做或者不值得做。

⊙ 也许你不想这样做——就是说刚开始你没能拒绝，现在必须为先前的承诺付出代价。

找到拖沓的原因并加以克服，原因只是借口而已。

要停止拖沓，通常你所需要的只是一个起动。打开电脑、翻开文件夹、拿起一支笔，这些简单的动作足以让你停止拖沓，开始工

作。比方说你刚骑上自行车，你会发现很费力，但当你一旦加起速来，骑行会变得很容易，有时甚至你无须用力踩踏板，也能前行。

同样，一旦电脑启动，硬盘嗡嗡作响，你也会获得自身能力的一次发动，由此投入到工作中去。

无论你正在努力做什么，你最好能从中找到一些能够迅速而轻松完成的任务，获得一个简单的“胜利”，这样开始，比先做较难的部分要容易得多。

得到一个简单的胜利之后，你操作整个项目会更加得心应手，原因就在于你掌握了操作方法，并能按照这种方法坚持下去。

对付拖沓的另一个方法是换个角度看待工作，或者换种工作方式。我认识一位作家，他在为一本杂志工作时，有一次超过了交稿期，于是编辑给了他一个绝妙的建议。他开始给那位编辑写信，描述他如何构思这篇文章、打算写些什么内容。

这样，我的朋友以写信开始，实际上提交了一份提纲。很显然，编辑只要删去前面一到两段，保留主体，就能得到他要的材料了。和这位朋友一样，也许任务本身对你来说并不难，困难的只是如何开始。

征用友人

有时候无论你怎么努力，还是开不了头，于是压力逐渐增大。这时候你就需要寻求朋友的帮助和监督，比如，把500元交给一个朋友并对他说：“如果我下周四以前不能完成这项任务，你就别还给我了。”这个方法不适用于胆小的或者害怕破产的人，嘻嘻。如果500元对你来说无所谓，那就增加筹码，直到找到合适的数额，我敢保证你会按时完成任务。这就好比你身后有只老虎在追赶着你，为了活命你必须奋力奔跑。

你有没有停下来想过，在工作上你之所以能分毫不差地完成任务，是因为有位老板正在等待你的工作结果。在重塑自我上，你也可以邀请一位朋友对你进行监督时，常让他检查你的重塑成果。

自我奖励

一旦你已经开始一系列行动，你会希望在那条路上走下去，但是前进道路会有许多路障，你可能因此精疲力竭、灰心丧气。因此未雨绸缪很重要，在一开始就设计一些战略，防止中途偏离或者倒退。

通过重复那些得到积极强化的行为，巩固你的重塑成果。例如，你可以设定一个机制，为重塑道路上的每一步胜利奖励自己，你将获得更大成功。奖励的形式多种多样，完成某项任务以后，你可以给朋友打个电话、发封电子邮件、沿着马路散步、品尝心爱的小吃、小睡20分钟，或者洗一个泡泡浴。

犒劳自己的方式多种多样：阅读心爱的杂志或书籍、享用心爱的菜肴、观看喜爱的电视节目、看电影，或是从事某项兴趣爱好，也可以是购物、按摩、健身，或者第二天早晨睡个懒觉。

如果你的计划包含20个步骤，事先计划好完成这20步以后如何犒劳自己，将大大提高你的工作效率。每一步骤的犒劳方式可以相同也可以不同，这取决于你自己。

对有些人来说，让自己尽情幻想就是一种奖励了。另一些人的方式是不把工作带回家、整个周末不做任何事情、没有任何负罪感地早睡，甚至是通宵看电影。

许多人将自我奖励与网络联系起来，例如浏览心爱的网站、打网络游戏、观看体育比赛、参加一个论坛或在线视频聊天。

保持动能

在重塑人生的道路上，即便你已经是战胜惰性、打破拖沓、设立自我奖励机制的大师，你依然会有情绪低落的时候。有时你很累，有时你找不到合适的资料，有时你莫名地不高兴。

如果这些真的发生，要明白这只是前进路上的短暂停顿而非灾难。我的朋友曾写过一本书，书名非常巧妙并能对你的重塑之路有所启发——《后退：为恢复而做的调整》。每当你感到进展受挫时，可以想想这句话。

重塑目标越具挑战性，你遇到的挑战就会越多。静止不动无须付出努力，但前进需要付出努力，前进的最好时机就是现在。

智者忠告

◎ 现在就是你生命中最重要的时刻。

◎ 拖沓是你的敌人。拖沓引发的焦虑可能比真正付诸行动要耗费更多能量。

◎ 行动，即便是微小的行动，也能帮你打破拖沓。

◎ 建立一个奖励机制。每完成计划中的一个步骤，就犒劳一下自己，从而继续完成自我重塑。

◎ 重塑从战胜惰性开始。

第二篇

重塑心智

如果近几年你的创造力处于休眠状态，别害怕，你能将它唤醒，为你的自我重塑找到绝妙的途径。因此，让我们的重塑历程从重塑心智开始吧。

首先我们将从重要的放松身心开始谈起，接着给你提供一些调节、锻炼心智的方法。这些方法都是被验证过且行之有效的。这些方法将帮助你激活更多的神经元。一般说来，越年轻做起来越容易，但是你也不必担心，即便你已经四十多、五十多、六十多岁或者更大年龄，有些方法依然能起作用。接着读吧！

第六章

放松身心

本章亮点

一阵令人愉悦的芳香能引发潮汐般的美好回忆

放松身心，洗去烦恼

轻松的音乐轻松地听

一，二，三，让我们入定

在进行自我重塑之前，你并不需要做什么特别的调整。不过，让身心得到彻底的放松，把心智调到最佳状态，会对你的自我重塑大有裨益，同时体会到妙不可言的感受。本章将讨论一些放松身心的技巧方法，同时也是一些缓解压力的方法（关于这一点，详见本系列丛书中的《心灵瑜伽》一书第五篇“击退压力”），这些技巧经过代代相传，不断提炼、改进并被证实确有其效。

芬芳气味带来良好感觉

芬芳的气味能带来美好的感觉，香味能刺激你的嗅觉器官，还能让你回忆起过去的美好心情。这是有原因的：气味可向大脑皮层系统直接发送信息，皮层系统是人脑中的圣地，能极大地影响人

的主要感情和行为，如愤怒、记忆、爱，以及沉溺的能力，而存在于鼻子里的嗅觉直接与大脑相连。这与视觉图像不同，在你真正看到之前需要经过转化，而嗅觉则无需转化，它们直接到达大脑。正因为如此，通过大脑神经输送，气味能更有力地触动记忆、唤起感情。

虽然时常身处其中，大多数人还是低估了气味的力量。例如，一滴香精油能直接作用大脑，引发化学反应，释放血清素，带来健康和舒适的感觉。

一阵令人愉快的芳香能引导发潮汐般的记忆和感觉，这一机制可能在每个人出生前就已存在！许多自然物质有助于安神，松树的味道对有些人很有效，有些人则闻到柠檬味会觉得舒畅。

我建议让你的家居和工作环境充满具有安心定神的气味，如薰衣草、玫瑰、松枝、茉莉或柠檬。

牙科医生发现，如果他们的办公室里充满芳香，病人的抵触情绪和恐惧情绪将会消失。即便进行牙根管手术的病人，当他们进入充满宜人芬芳的房间时，会表现得较为放松，不那么焦虑，甚至不再那么频繁地喊痛。

牙根管病人尚且如此，你当然也能通过嗅觉减轻压力。香精油能够作用于你的心情和感觉的唯一途径是通过嗅觉。简单说，你吸入那些气味，穿过我们所说的脑血屏障，最终影响中枢神经系统。

涡流浴和足浴

如果你在高中或大学时曾是校篮球队成员，很可能你已经领略过涡流浴的乐趣了。和几个知心要好的朋友一齐跳进去，打开开关，让柔和的涡流抚慰酸痛的肌肉。针对不同个人需要，涡流浴有多种设计，大多数系统能调节浴盆中的水流速度和压力，使水流激荡起来，而使沐浴者平静下去。

足浴能对放松身心起到重要作用只有亲身体验才能感受它的效果。炎炎夏日，或者长途跋涉后，把双脚浸入浴足盆，这个简单的动作能让一切变得不同。在水中加入无机盐和几片花瓣能达到最佳放松效果。

洗去烦恼

一个古老的放松身心的办法——洗个热水澡，在热水中加上几滴香精油，就这样坐着，把身体浸在水中。热水澡具有巨大的安抚作用。如果加入软化油、薰衣草或者其他沐浴油，将给疲惫的身心带来最好的放松。

随着社会压力的加大，越来越多的人选择在浴室中寻求安慰，把浴室当做他们在这个紧张忙碌的世界中的一片港湾。

加入沐浴球和沐浴添加剂效果会更好。关于沐浴球和沐浴添加剂总的说来选择范围很广，可选对象包括水果味的，如桃子、黑莓和香瓜，这些被公认具有镇定效果，茉莉、柑橘和薰衣草则被看做振作精神的良方。大多数沐浴添加剂都能使你的皮肤更柔软，有的还能让它更光滑。

有位心理学博士说 :“因为所有感官都参与了沐浴过程，因而沐浴是影响我们心情的强有力的方法。”要想从沐浴中得到最大收获，关键在于“调整到你想要的感情状态或者心情。一旦找到你想要的沐浴状态，就可以通过感官输入改善心情”。

我建议让摇曳的烛光在一旁散发光和热，或者伴以轻音乐。将几滴香精油滴入水中，接下来你需要做的只是躺下来浸泡15分钟。浴室的蒸汽和温度帮助香精油迅速挥发，于是空气中的香气更加浓烈。走出浴室的你，皮肤更柔软，精神更镇定。

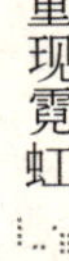

如果闭上眼睛，香味会显得更为强烈和充盈，你几乎能说出每种花的名字。个中原因在于，热度使各种香精油逐一逸出，因而你既能闻出它们中的每一种，也能闻到它们混合在一起的味道。最终，气味变得如此特别如此缥缈，你几乎无法辨别。

轻松的音乐

轻松的音乐，也具有缓解疲劳、放松心情的作用。想象一下这个场景：劳累一天的你，刚刚吃过晚餐，然后舒服地卧坐在柔软的沙发上，听着一首旋律优美的歌曲。这是多么惬意的一件事啊！

有人喜欢在工作时听一些轻柔的摇滚或者古典音乐。他们欣赏这种放松和舒缓的节拍，或者喜欢它温暖华丽的歌词，也许他们只是喜欢一种良性的背景噪声。无论如何，这些人觉得听音乐能让他们应对挑战时状态更佳。

音乐有助于减轻疼痛、消沉和焦虑，甚至能帮助那些处于悲痛中或者面临晚期病症的人们。音乐能够带来好处不仅仅是生理上的，音乐还能增加欢乐，减少悲痛，驱走疾病，缓解痛苦，战胜灾难。大约在 1700 年，一位著名剧作家曾说过，“音乐的魅力足以驯化野兽。”

除了轻松的音乐，还有许多声音能让我们得到身心的放松。

聆听古典音乐，尤其是莫扎特的作品，能改善听力，治愈心灵，镇静情绪。有研究称之为莫扎特效应，并说这将有助于激活神经元，刺激创造性思维，加强精神集中度以及镇静神经系统。让胎儿和新生儿听古典音乐能提高他们的学习能力。

另一种令人轻松的声音形式是自然界的声音，例如海浪声、细雨声、风吹树叶声或者林中鸟语声。在真正的自然界，或选购录有自然界声音的光碟，用耳机独自欣赏，或用扬声器让声音充满整个房间，你将马上体会到清新、愉悦的感觉。

让我们入定

入定是一种通过专注于某个念头提高注意力和集中度的技巧。舒适地坐着，但要坐直以保持警惕状态，将思维集中到某个特定的词或短语，或者某个特定图像，例如蜡烛的火苗，保持意识的集中。这能帮助思维减速、变缓，可能你已经知道，人的思维有时会发疯般横冲直撞。

《心灵瑜伽》一书中曾详细论述入定的效果：它能让你注意力更加集中，内心更加平静、澄明，从而获得巨大能量。

入定过程中的一个常见问题是感到疼痛或者不舒服，发痒、疼痛的感觉很常见，因为入定时更容易注意到身体的感觉。

让身心平静下来，你能够注意到更多细节。有时可以将这些不适作为入定时沉思的对象，持续想着它直到它消失。有时坐姿不好也会引发不适，如果是这样，调整姿势，保持脊背竖直。

有的人入定时会睡着，当你很放松时，特别是如果眼睛也闭上了，你的身体可能觉得到了睡觉时间。如果在入定时睡着，只说明你累了，这时你需要打个盹或者睡一觉。

通过入定增强集中力对你的生活也有好处。你不仅工作时能更专心，而且能够控制日常担忧和困扰。多加练习，你能让自己的心智远离不健康的偏执和琐碎的追求。

每天坚持

无论你在追求重塑过程中选取怎样的方式放松身心，养成这样的习惯：每天至少花一些时间来放松，如果做不到，至少要隔天一次。

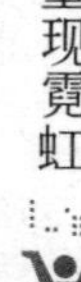

记住，此时的你代表着过去人生旅途中积累的所有行为和习惯的总和。允许自己进入身心休憩和松弛状态，意味着欢迎自己离开每日烦恼的折磨。从这层意义上说，这是你踏上重塑之旅的重要一步。无论如何，选择在你。

智者忠告

◎ 芳香能带来美好回忆，达到放松身心的效果。

◎ 涡流浴、足浴，以及其他各种沐浴都是简单而有效的放松身心的方法。

◎ 轻松的音乐正如它的名字一样，听起来很轻松，令你很放松。

◎ 入定是平静心灵、产生澄明和能量的一种古老方法。

第七章

调节心智

本章亮点

回归内心，寻找最原始的平静

调节心智的技巧：想象与冥想

深呼吸 —— 获得心灵平静的简单方法

沉溺于温泉，让自我漂浮

捕捉你的梦

调节心智是重塑自我的关键，本章将教你一些调节心智的先进方法。这些方法在《心灵瑜伽》一书中也有涉及，可见调节心智也是缓解压力的一种方式。

回归内心

今天比历史上任何时刻都有更多可看、可听、可拥有的东西，明天将有更多。人们匆匆忙忙，不断加快步伐，以适应社会的节奏。除了干得更多、挣得更多和花得更多外，我们还被迫……

⊙ 阅读时尚杂志　　⊙ 听流行音乐

⊙ 购买时装　　⊙ 见适当的人

⊙ 去重要的地方　　⊙ 看刚上映的电影

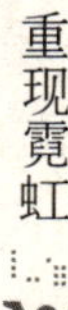

⊙ 访问流行网站　　　　　⊙ 以最好的方式度假

我们得时刻做、做、做，却永远也做不完。这些纷繁芜杂的外部活动是这个时代人们伤心和绝望的一大根源。这个问题源于社会和文化因素，而非个体或个人。但如果不加小心，最终将演变为个人问题。而这些问题都可以浓缩成一个：个人选择问题。

除了努力完成这些事之外，你还需要自己的时间。你需要有时简简单单安安静静地待着，没有工作安排，没有视听享受。

自我意识和自我理解是满意而充实的人生支柱。要战胜弥漫于社会的空虚感，关键是与自己建立联系。幸运的是，建立这种关系并不难。第一步就是找出一些你能真正的、深层次的放慢速度的空间和时间。

这种放慢速度超越了单纯的放松。当我们中的大多数人放松时，我们一般选择参与某种有趣的活动，像阅读、听音乐、做游戏、看电影，或者和朋友聊天。虽然这些活动可能让你很开心，但是它们仍在消耗你的能量。何不到外边走走，不做任何事情。漂亮的室外设施，比如公园、河流、湖泊、沙滩、小径，只要四周不太喧闹或拥挤，便能为独处提供理想的场所。如果你不想停留一处，那么一次愉快的徒步旅行也能让你回归自我。

人们会发现，在独自度过一段安静的时间以后，会产生一些原先不会出现的新想法和认识，这些想法和认识正是更新自我的种子。

当你长时间独处时，你能体会到生命中更深层次的安静感和稳定感。独处时间越多，你的心智变化越快，回归内心寻找最原始的平静，你的人生会呈现不一样的风景。

想　象

顶尖运动员早就明白比赛前想象的巨大作用。许多奥运会的运动员上场前都会想象自己在进行日常训练，当他们真的踏上竞技场，他们将有超水平发挥。

特别是奥运会田径比赛中，想象对运动员很重要。20世纪70年代初，迪克·福斯贝利以背跃式过竿动作带来了世界跳高运动的革命。在他之前，每个人都采用滚竿式跳高动作——助跑至竿前，单腿起跳，过竿时背朝天空，尽量让身体前部不碰杆。

接着，福斯贝利出现了，他领悟到可以对助跑动作稍作改动，跑至竿前，在最后一刻转身，背对竹竿起跳；接着举起双手带动头部和上肢腾空并过竿，同时弓起背部以控制身体；待到双腿过竿，再挺直背部，落垫时双手依然高举过头，面对天空，仿佛为再次越过2.1米的高度感谢上帝。

福斯贝利这样解释他的成功：

“我的新跳法开始于高中时的一次比赛，似乎是身体对竹竿挑战作出的自然反应，于是我被成功的渴望和决心抓住了。然后，为了重复成功的跳越，我详细钻研过程。为了让自己兴奋起来，我想象了一幅画面，并且能够感受到成功的召唤——完美的跳跃，从而对完成动作培养了一种积极的态度。我的成功来自对过程的想象和图像化。”

多年以后，奥运会跳高金牌得主德怀特斯通·斯同样运用想象获得了类似的成功。他的诀窍是在心中数步子，想象腾空、过竿，落在垫子中央。

20世纪最伟大的撑竿跳女运动员伊辛巴耶娃在比赛前总是把自己蒙在一床被子下，没有人知道她在做什么，事实上她在进行一种赛前冥想。

这种想象和冥想都是调节心智的技巧。

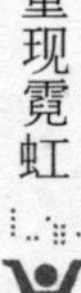

深呼吸

获得心灵平静的一个简单方法——深呼吸。想一想自己的呼吸，考虑是否存在下列情况：

⊙是否经常感觉自己呼吸很浅或者呼吸困难？

⊙是否有睡眠障碍或者心律不齐？

⊙是否经常用嘴呼吸？

⊙是否曾感到头晕或者感觉呼吸不能深入肺部？

这些都是呼吸状况不理想的表现。不过你可以运用简单的方法提高呼吸质量，增大肺活量。

这里有一个很好的呼吸练习，而且随时随地都可以做。采用站姿或舒适的坐姿，深吸一口气，这时腹部如气球般鼓起，接着胸腔隆起，继续吸气直至前胸鼓胀。至此，吸气才完成。

接下来是呼气，顺序完全倒过来，先将前胸的气呼出，接着是胸腔，最后是腹部。呼气完毕后，将腹部肌肉向里推压，以排出所有空气。重复整个吸气、呼气的过程，练习15分钟。

注意自己每日正常呼吸状况。能够深入腹中并用到横隔膜（腹中一块圆顶状肌肉）的深呼吸比耸起肩膀的浅呼吸有益得多。

瑜伽也非常关注呼吸，将呼吸看做重要的生命能量，教你通过练习控制和操纵呼吸，深化和加强与自身能量的联系。

沉溺于温泉

如果瑜伽对你而言“遥不可及”，那么到处都有度假和休闲温泉，那里是日常烦恼的终极避难地，那里会使你整个身心焕然一新。这类温泉一般提供各种各样的服务。为了锦上添花，它们常常设在风景优美动人的地方，为顾客提供度假胜地一般的感受。

作为温泉中心的顾客，你能在那里锻炼、放松、享受、饮食。如今，大多数休闲温泉都提供全方位服务。从日常生活中逃逸出来，在那里过上一段时间，让你的身体、精神乃至灵魂重获活力。

温泉中心的一天可能是这样度过的：你在一间宁静的房间里醒来，然后补充一些营养美味的食物，这些食物由专业营养师为你精心准备。接着开始锻炼了，你可以参加一个有氧运动班或者练练瑜伽，让身体变得柔软或者做一下按摩，或者享受一次美好的放松水疗。

在这些愉快的活动间隙，你第二次进餐。饭后是入定时间，或者写写所思所感。下午的剩余时间可以用来享受一次身体打磨治疗和一次彻底的面部按摩。晚餐非常丰盛，饭后有充足的时间休息，以便为第二天的生活做好准备。

和我一起做梦

如果所有这些方法你都懒得尝试，你还可以做梦，做梦也是调节心智的方法。每个人都会做梦，梦是生活的一部分，蕴含着个人发展的机会。梦不仅仅是神经元的随意活动，也是你的无意识思维管理自我的方式。在梦中我们与困扰我们的问题作斗争——无论是否意识到自己被这些问题困扰。

弗洛伊德第一个提出人类潜意识的重要性，成为现代精神疗法之父。弗洛伊德相信，经过恰当的解释，梦能够反映思维的活动。他的弟子卡尔·容格进一步发展了这一观点，使解梦成为容格分析的主要手段之一。

你必须把梦记住，才能对它们进行解释。如果你认为自己属于

从不做梦的那种人，那么你是错的。睡眠心理学家告诉我们其实每个人每晚都会做梦，但是我们往往只能记住那些醒来时正在做的梦。

下面的方法可以帮助抓住那些难以捉摸的梦：

⊙晚上睡觉前在床边放一支笔、一张纸。

⊙正常入睡。

⊙如果碰巧半夜醒来，很可能你正在做梦，而且这时你应当还有记忆。

⊙立即将你能回想出来的梦记录下来。

⊙醒来后，努力回忆晚上做过的梦。

⊙写下你能想到的任何梦的片段。

每天这样做，你将更容易记住自己的梦。

一旦你将梦记录下来，你就可以借助解梦参考资料解读梦与生活的联系。不同的方法或哲学可能给出不同的解释，明智的做法是，同时查阅几种参考资料，并互为对照。梦的解析能为人生提供极具价值而又源源不绝的启迪和智慧。

智者忠告

◎为了重塑心智，把你的注意力从日常事务转移到内心观照中去。

◎从熙熙攘攘的生活中解脱出来,创造一个完全的个人空间。

◎时常停下来作呼吸训练。

◎进行一次温泉之旅。

◎将你的梦记录下来，然后做一番解析，梦的解析能为你提供源源不断的启迪和智慧。

第八章

锻炼心智

本章亮点

阅读经典小说，拓展精神视野

写作日记自传，挖掘内心世界

重要的心智训练：构建你的词库

重返校园，收获更多人生智慧

学一门外语、辩论等锻炼心智的其他方法

缺少规律的锻炼，肌肉会萎缩松弛。心智同样如此——不健全的心智是重塑自我的巨大障碍。

学会阅读

现在有很多这样的人：他们不断购买自我提高方面的书籍，一页一页读下去，读完就放到书架上，而那里已经有一堆这样的书；同时，他们的生活继续着，没有发生任何变化。你可能认识这样的人，也许你就是其中一个。当人们这样做时，往往是因为他们没有对自己阅读的内容进行真正的思考。一字一句从眼前流过，进入大脑，但却没有产生任何有价值的思想。

如今出版的许多书籍都不能提供思维训练，特别是玄幻小说。

一位玄幻小说的忠实粉丝曾承认："所有这些书几乎都一样，我知道结局将怎样，我只想得到娱乐。"

这的确是打发时间的好方法，但是这种阅读对训练思维毫无益处。我的建议：读那些不仅令人愉快而且有助于锻炼心智的书。

经典小说就完全符合这一要求。那些被视为经典的小说往往包含有趣的故事、紧凑的情节、引起共鸣的人物——所有这些元素使得阅读成为一件乐事。同时，它们还常常探讨重大主题，如道德、人性或是死亡，绝对避免陈词滥调，展现作者真实而新颖的观点。

尽量多读经典小说，这是扩展精神视野的好方法，将使你的心智更关注严肃的思考，而个人重塑往往正需要严肃的思考。持之以恒，你将对文学有全新的认识，对生命的认识也会更加深刻。

如何决定究竟读哪本经典小说？显然，你要挑那些感兴趣、有意思的小说。似乎小说的年代越久远，今天的读者欣赏起来难度越大。别担心，其实你不必在小说的历史长河中把你的网撒得那么远。20世纪的优秀经典小说已绰绰有余，足以陪伴你度过那些静谧的夜晚，打发雨天的下午蜷缩在沙发上的时光。

许多网站、文学期刊、图书馆排行榜上推荐的经典小说，都可以成为你磨砺心智的精神食粮。

用下面的方法也能找到值得一读的小说：

⊙ 在网上搜索"20世纪经典小说"。

⊙ 向图书管理员寻求建议。

⊙ 书店店主、经理和店员通常涉猎广泛，他们也是好建议的一个来源。

⊙ 大学时主修文学专业或者修过文学课的朋友也能提供推荐。

一旦列出选择书目，就可以制订一张阅读计划了。计划内容因人而异，有人一周就能读一到两本，有人只能一个月读一到两本，这取决于你的个人日程、阅读速度以及书的厚度。

阅读速度较慢的人，或者没有很多时间阅读的人，可以选出12

本书（一个月一本）；阅读速度较快的，或者时间充裕的人，可以选出24本或者36本，甚至更多。如果在这一年结束前就完成了自己的计划，别停止阅读，再多选一些经典小说，一直读到年末。

大多数经典小说都能从书店和网上买到或从公共图书馆借到。如果书店和网店货架上没有你想要的书，他们一般能为你专门订货。如果在公共图书馆找不到，可以试试一些大学图书馆。许多大学图书馆都给校外人员一些有限的借阅权。

为了培养定期阅读习惯，不妨参加当地的读书俱乐部。读书俱乐部是认识其他读者的好地方，许多人发现别人的观点能帮助他们从书里学到更多。

大多数读书俱乐部每个月阅读并讨论一本书。读书俱乐部可能由各种各样的人发起，比如一群朋友、熟人、同事、社区居民等。一些俱乐部有其特定主题，如文化、政治或小说流派，如果你没有时间参加俱乐部活动，也可以浏览一些读书论坛、文学网站，加深你对书的理解和认识。

记住，讨论是阅读非常重要的环节，只有通过讨论才能更好地理解书的内容，获得更多有价值的思想。

写 日 记

阅读经典还会让你产生写东西的冲动。写日记是很好的探究心智所得、保持思想更新的方法，也是影响个人成长、接触内心世界的有效手段。而从中获得的自我认识对自我重塑也具有很高价值。

那日记该如何写呢？

没有任何规则规定日记“应当”怎样，别让内心关于日记的固有观念阻挡自己。你可能觉得日记是为那些比你更文艺、更多愁善感的人准备的。其实，日记可以很艺术化、很富有感情，也可以是

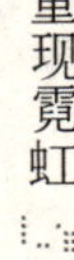

诙谐的、幽默的、粗俗的、离奇的、冷酷的、理性的（或者以上词语的任意组合）。

每天抽出至少10分钟（无论什么时间），静坐下来写日记。如果你能连续7天在同一时间写日记，那么一天中的这段时间就会成为你的“日记时间”——这样就为养成写日记的习惯打下了基础。

写自传

写日记可能让你考虑写自传。自传和日记很相似，因为它也是你的经历、思想和感受的记录，但自传是更为庞大的作品，往往连续记录整个人生，从出生前后一直到现在，或者到自己选择的结束时间。

你大概读过或者听说过弗兰克麦·克库特的《安吉拉的废墟》，作者在这本自传中回忆了自己在爱尔兰度过的童年。这本书赢得了1999年的普利策奖，是自传的代表作。

人们为什么要写自传？有些人为了纪念和歌颂自己的生活和经历，另一些则为了向后代展示当时的生活面貌。如果让家庭成员阅读你的自传，这将有助于增进你们之间的亲密关系。许多人认为写自传的行为是一种治疗，将为眼前的生活带来新的领悟。同时，历数往事并诉诸文字，本身也蕴含了无穷乐趣。如果决定写一部自传，最简单的开始方式是从出生写起，不断往后写。

构建你的词库

你在写作的过程中，一定有过为找到合适的词搜肠刮肚的经历。马克·吐温说过：“恰当的词与基本恰当的词的差距好比皓月之于萤火。”搜寻恰当的词汇将引导你开始另一种重要的心智训练——构建自己的词库。

阅读经典小说，很可能会遇到一些根本不认识的词，这是你学习新词汇的好机会。首先，你手边需要一本好而实用的字典。当你碰到不认识的词时，或者立刻查字典，或者记录下来待会儿查。你读得越多，遇到的生词就会越多，同时也会越快建立自己的词库。可以通过词汇测试使自己的词库建设不断进步，比如一旦积累了20个生词，默写出它们的意思。

重返校园

每个人都有自己的学习风格。有些人喜欢自学，有些人在某种系统的教育中学习才会更加有效。如果你属于后者，那么重返校园——无论你是否已获得学位——可能是一个训练心智的好方法。

你可以入学修读一些自己感兴趣的专业，如历史或者外语，但入学方式与攻读学位的学生不同。如果你对大学里的某门课程都感兴趣，别犹豫，马上与当地高等教育机构取得联系。

一些学校有专门的成人学位计划，提供机动灵活的日程安排、远程教育、个人化的课程，这些都根据成年人的需要和能力设计。还有些大学提供在线课程，越来越多的学院将整个本科生和研究生学位课程搬到网上。重返校园并没有你想象的那样困难。

年长的学生一般更努力、更成熟，这些常常使他们表现得更好。他们往往学习更加勤奋，不大感受到压力，成绩也更优秀。他们还发现，由于年龄上的接近，他们往往比年轻的学生更容易和教师接近。

大多数重返校园或者就业后才步入校园的人对自己的选择感到满意，因为这时候他们有足够的智慧从校园生活得到最大的收获。

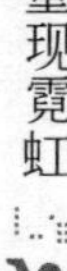

讨论与争辩

你大概听到过这句老话：礼貌相处应当避免谈论宗教和政治，因为这两个话题很容易引起争论。但是对敏感话题避而不谈意味着丧失扩展视野、重塑人生的最好方式之一。这类讨论或者争辩使我们有机会在别人身上验证自己的观点，无论是否同意别人的观点，我们都能从他们身上学到很多。

去哪里寻找这类辩论？如果你有一群乐于学习新事物并乐于讨论的朋友，那么你可以开始这类谈话，与他们讨论你在重塑自我过程中学到的任何东西。

就你读过的一本经典小说、正在研究的一门技术，或者听到的一条营养方面的建议，询问朋友的看法，朋友作出回答，对话由此产生——不是讲座或演讲，只是两个人之间平等的交流观点。只要保持信息不断流动，你就能从谈话中有所收获。

不必刻意避免争论，但要确定没有任何人感觉受到攻击或者诽谤。如果话题具有争议性，言辞很容易激烈起来，许多人将这种激烈看做攻击，即便其本意并非如此。别为了一次激烈的讨论牺牲一段友谊！

这种讨论可以先从朋友、熟人和亲戚开始。抛出一部电影、一本书，或者一个观点，看看他们说点什么，可能令你大吃一惊。接着，放宽眼界，寻找讨论小组，事实上存在许多不同类型的讨论小组，各自探讨不同的主题，比如音乐、电影、文学和哲学，数不胜数。

网上也有无数的讨论小组，搜索任何主题都能立刻找到一堆小组。网上讨论的方式大多通过聊天工具进行，你还可以任选一个领域创办自己的讨论小组。

当你能更准确而简明地阐述自己的观点时，你会发现明晰的观点是重塑人生的坚实基础。

学一门外语

富有思想的讨论和争辩迫使你将自己的观点纳入语言的框架，而不是让它停留在相对模糊的思维世界。而语言本身也能使思想更有条理。

想象一下，如果将你的观点纳入两种不同的语言体系会怎样。运用另一套规则，就会接受另一种不同的逻辑。如果能学会用两种或者更多语言表达自己，你将懂得如何进出不同的逻辑体系，这将同时提高你的表达和思维能力。而这只是掌握一门外语所能带来的好处之一。

想想所有用英语写成的书籍、期刊、电影和音乐，看起来像好大一座山，是不是？现在再加上其他外语写就的书籍、期刊、电影和音乐，这座山又增大了许多！莎士比亚的戏剧、黑格尔的哲学、巴尔扎克的小说、披头士的音乐以及拿破仑和罗伯斯皮尔的政治，这些甚至还不够冰山一角。

如果你曾看过带字幕的外国电影，你会发现字幕并不总能准确地翻译角色的语言。想要听到或者看到作者想让你听到或者看到的文字，最好的方法就是学会作者的语言。

能说一门外语还能增加你的社交机会，在工作中、生活中，与那些说外语的新朋友顺畅地建立关系。

学习一门还能使你的旅行更便利。每当出国旅行，懂外语就会派上用场。许多国人依靠英语的广泛性行走天下，但这有时也会失效。可能很多人有过这样的恐怖经历，由于语言障碍而发生丢失行李、错过火车、钱包被盗等灾祸。同时，如果你显示出努力学习当地语言的姿态，常常能博得当地人的好感，因为这显示了你对他们

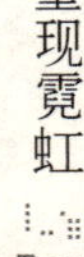

国家和传统的尊重。

掌握一门外语是重塑人生的高等技术，将给你视野带来深层次的变化，将使你的心智得到磨练。

智者忠告

◎ 阅读经典小说能锻炼你的心智，开拓你的视野。

◎ 加入读书俱乐部有助于巩固读书习惯，并有机会参与启发性的讨论，认识志同道合的朋友。

◎ 通过写自传可以获得许多与写作相关的好处，还能从过去得到对现实的启示。

◎ 重返校园，学一门外语等都是很好的锻炼心智的方法。

第三篇

重塑你的性格

现在的你也许身处高位，家财万贯，却并不快乐；也许混迹底层，贫困潦倒，却无可奈何;又或许只是一个朝九晚五的小白领，努力向上却找不到出路。那么，你可曾想过你为什么会处于现在这种境遇？造成这一切的根源又是什么？你一定想过改变现在这种境遇，可是又不知从何做起。宿命论者会说，这一切都是命运的安排，冥冥之中早已注定。哈哈，这是多么可笑的论调。事实上,确实有一只大手在指挥我们的命运走向,不过不是所谓的宿命,而是我们的性格。

相信你一定听说过“性格决定命运”，性格对每个人的生活都有着非常重要的影响，从某种意义上说是决定性的。如果你想改变你的现状，那么就从重塑性格开始吧。

在这一部分,将先对你做一个性格测试,描画出你的性格轮廓,找出你性格中的优缺点。然后通过性格重塑，巩固你的优点，修正你的缺点,弥补你的性格缺陷,让你重新起航,获得更大的成功。

第九章

性格轮廓测试

本章亮点

性格是什么

测试你的性格轮廓

四种性格类型分析

性格的复杂与性格类型的交错

每个人都有自己的性格？性格是什么？不同的人给出的定义可能千差万别，我的定义是：性格就是你身上的闪光点和晦暗点。闪光点即是你的优点，它让你的形象熠熠生辉，你的思想深邃迷人，你的人生充满希望；晦暗点则是你的缺点，它让你的形象一落千丈，你的思想乏善可陈，你的人生充满恐惧。你的优点和缺点彼此纠缠、融解、消释，构成完整的你，决定你的生活，指挥你的命运。

测试你的性格轮廓

这个性格轮廓测试是由费特编纂的，曾收入著名心理学家弗洛伦斯·莉托著的《性格解析》一书。我认为这是一套比较准确的性格轮廓测试。

说明：在以下各行的词语中，用“√”在最适合的词前做记号。要做完 40 题，不要漏掉任何一题。若你不能肯定哪个是“最合适”，请问你的配偶或朋友，并考虑当你还是小孩时，哪个答案最贴切，不要多选。

优点				
1	□富于冒险	□适应力强	□生动	□善于分析
2	□坚持不懈	□喜好娱乐	□善于说服	□平和
3	□顺服	□自我牺牲	□善于社交	□意志坚定
4	□体贴	□自控力	□竞争性	□使人认同
5	□使人振作	□受尊重	□含蓄	□善于应变
6	□满足	□敏感	□自立	□生机勃勃
7	□计划者	□耐性	□积极	□推动者
8	□肯定	□无拘无束	□时间意识	□羞涩
9	□井井有条	□迁就	□坦率	□乐观
10	□友善	□忠诚	□有趣	□强迫性
11	□勇敢	□可爱	□外交手腕	□注意细节
12	□令人高兴	□贯彻始终	□文化修养	□自信
13	□理想主义	□独立	□无攻击性	□富激励性
14	□感情外露	□果断	□尖刻幽默	□深沉
15	□调节者	□音乐性	□发起者	□喜交朋友
16	□考虑周到	□执着	□多言	□容忍
17	□聆听者	□忠心	□领导者	□活力充沛
18	□知足	□首领	□制图者	□惹人喜爱
19	□完美主义者	□和气	□勤劳	□受欢迎
20	□跳跃型	□无畏	□规范型	□平衡

缺点				
21	□乏味	□忸怩	□露骨	□专横
22	□散漫	□无同情心	□缺乏热情	□不宽恕
23	□保留	□怨恨	□逆反	□唠叨
24	□挑剔	□胆小	□健忘	□率直

（续表）

25	□没耐性	□无安全感	□优柔寡断	□好插嘴
26	□不受欢迎	□不参与	□难预测	□缺同情心
27	□固执	□即兴	□难于取悦	□犹豫不决
28	□平淡	□悲观	□自负	□放任
29	□易怒	□无目标	□好争吵	□孤芳自赏
30	□天真	□消极	□鲁莽	□冷漠
31	□担忧	□不善交际	□工作狂	□喜获认同
32	□过分敏感	□不圆滑老练	□胆却	□喋喋不休
33	□腼腆	□生活紊乱	□跋扈	□抑郁
34	□缺乏毅力	□内向	□不容忍	□无主见
35	□杂乱无章	□情绪化	□喃喃自语	□喜操纵
36	□缓慢	□顽固	□好表现	□有戒心
37	□孤僻	□统治欲	□懒惰	□大嗓门
38	□拖延	□多疑	□易怒	□不专注
39	□报复型	□烦躁	□勉强	□轻率
40	□妥协	□好批评	□狡猾	□善变

性格计分卷

现在将记上“√”符号的选择移到计分卷上，将得分加起来。例如：若你在轮廓方面选择了“活泼”，将它在计分卷上标有“√”符号的选项得分加起来。

优点				
	S 活泼型	C 力量型	M 完美型	P 和平型
1	□生动	□富于冒险	□善于分析	□适应力强
2	□喜好娱乐	□善于说服	□坚持不懈	□平和
3	□善于社交	□意志坚定	□自我牺牲	□顺服
4	□使人认同	□竞争性	□体贴	□自控力
5	□使人振作	□善于应变	□受尊重	□含蓄

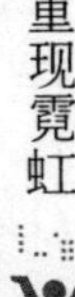

（续表）

6	□生机勃勃	□自立	□敏感	□满足
7	□推动者	□积极	□计划者	□耐性
8	□无拘无束	□肯定	□时间意识	□羞涩
9	□乐观	□坦率	□井井有条	□迁就
10	□有趣	□强迫性	□忠诚	□友善
11	□可爱	□勇敢	□注意细节	□外交手腕
12	□令人高兴	□自信	□文化修养	□贯彻始终
13	□富激励性	□独立	□理想主义	□无攻击性
14	□感情外露	□果断	□深沉	□尖刻幽默
15	□喜交朋友	□发起者	□音乐性	□调节者
16	□多言	□执着	□考虑周到	□容忍
17	□活力充沛	□领导者	□忠心	□聆听者
18	□惹人喜爱	□首领	□制图者	□知足
19	□受欢迎	□勤劳	□完美主义者	□和气
20	□跳跃型	□无畏	□规范型	□平衡

优点总分

______　______　______　______

缺　　点				
	S 活泼型	C 力量型	M 完美型	P 和平型
21	□露骨	□专横	□忸怩	□乏味
22	□散漫	□无同情心	□不宽恕	□缺乏热情
23	□唠叨	□逆反	□怨恨	□保留
24	□健忘	□率直	□挑剔	□胆小
25	□好插嘴	□没耐性	□无安全感	□优柔寡断
26	□难预测	□缺同情心	□不受欢迎	□不参与
27	□即兴	□固执	□难于取悦	□犹豫不决
28	□放任	□自负	□悲观	□平淡
29	□易怒	□好争吵	□孤芳自赏	□无目标

（续表）

30	□天真	□鲁莽	□消极	□冷漠
31	□喜获认同	□工作狂	□不善交际	□担忧
32	□喋喋不休	□不圆滑老练	□过分敏感	□胆怯
33	□生活紊乱	□跋扈	□抑郁	□腼腆
34	□缺乏毅力	□不容忍	□内向	□无主见
35	□杂乱无章	□喜操纵	□情绪化	□喃喃自语
36	□好表现	□顽固	□有戒心	□缓慢
37	□大嗓门	□统治欲	□孤僻	□懒惰
38	□不专注	□易怒	□多疑	□拖延
39	□烦躁	□轻率	□报复型	□勉强
40	□善变	□狡猾	□好批评	□妥协
	缺点总分			
	________	________	________	________
	优缺点总分			
	________	________	________	________

这个测评很容易理解，当你已将答案填入计分表，分别将四列中的每一列的分数加起来，然后再把优点、缺点两部分分数加起来，你就可以知道自己的大概性格类型，同时你也知道自己的组合类型。例如，若你力量型优缺点得分为30。几乎毫无疑问，你应该是力量型性格。又如，若你力量型得分为18，完美型为16，其他各为3，你将是力量型的同时也有完美型的倾向。

当然，没有谁是百分之百属于某一种性格类型，但是你的得分能准确地让你知道自己有哪些优点和缺点。根据这个性格轮廓测试，下面我们来总结一下这四种性格类型的人分别有哪些优缺点。

外向多言的乐天派

活泼型的人性格一般话多外向，乐观向上，感情外露，容易成为关注的焦点。他们的优点是情感外露，热情奔放，乐于与人交往。他们能从任何事情中发掘出兴奋点，能把工作变成乐趣；他们热情直率，习惯于拥抱、亲吻、拍打或抚摸他们的朋友；他们天生具有表演的才能，能制造气氛，能激发最沉闷的人的热情，给活泼型的人一个听众，他们就可以滔滔不绝。

但是他们的缺点也很明显，他们以自我为中心，好表现，不关注别人的感受。他们可能大谈大家毫无兴趣的东西，而很少注意他人的需要；他们拥有许多朋友，但往往都不是好朋友，高兴时和你一起玩，当你一旦遇到麻烦或需要帮助时，他们就消失得无影无踪；他们有主意、有个性、有创造力，被认为最容易成功，但是他们不专注，缺乏毅力，往往难以将这些优点组织起来，取得一点成绩就飘飘然；活泼型的人往往跳槽很频繁，甚至转行，因为他们只看短期的成就，没有耐心踏踏实实认认真真做好一件事。

内敛严谨的思考者

完美型的人性格一般内向严谨，善于思考，但是天生消极，很容易产生悲观的情绪。完美型性格的人善于思考，是个思想家，他们对待目标严肃认真，做事一丝不苟，严格遵守先后次序；他们天资聪颖，他们的身体内往往蕴藏着音乐、哲学、诗歌、文学等方面的才华，这些潜能若被激发，得以发挥，他们会成为作家、艺术家、音乐家，亚里士多德说过“所有天才都有完美型的特点”；他们还是细节控，通常穿着整齐，严肃、礼貌、得体，总之事事追求完美。

但是他们的缺点却非常致命。他们骨子里带着消极，因为对自己的要求非常苛刻，所以十分在意别人的批评；他们做事不够灵活，总将事情私人化，结果只能是自寻烦恼；他们的形象一般严肃、呆板，几乎看不出喜怒变化，一副拒人于千里之外的神情；他们对别人的要求严格，因为他自己的标准很高，但若将这些高标准强加给别人，那就是性格上的缺陷；他们最看不惯的就是活泼型的人，甚至到了水火不容的地步。

气场强大的领导者

力量型的人一般气场强大，目标明确，做事执着，雷厉风行，甚至不需要朋友的帮助。力量型的人是天生的领导者，组织能力、判断能力、决策能力都很强， 他们总是精力充沛，好像从不觉得累；他们非常自信，气场非常强大，果断果敢，作出决定后从不轻易改变；他们目标明确，意志坚定，越挫越勇；他们行动迅速，说干就干，从不拖泥带水。

力量型的人最大优点是自信，但是自信过头就是自负了，这也是他们最大的缺点。他们性格固执，一意孤行，总认为自己是对的，听不进去别人的意见；他们大多是工作狂，工作起来不要命，对自己有压力，对别人也造成压力；他们还是控制狂，总想控制一切，希望所有人都听从他们的支配；他们的人际关系差，因为他们的语气态度总是很强硬，没有耐心、高调、从不认错，不承认自己的缺点，力量型的悲剧就是看不到自己的缺点。

温和无语的旁观者

和平型的人性格最温和，他们对别人从不提要求，对自己也不苛求。他们内向敏感，善于倾听却不发表意见；温和的性格使他们很容易成为所有人的朋友，天生的好人缘造就了良好的人际关系；生活中他们闲适平静、与世无争，做事有耐心，不干预也不侵犯他人，因此总能保持心情愉快；他们还是最好的聆听者，朋友们和他们在一起总是感觉很舒服，没错他们就是有这种能力；他们能在“风暴”中保持冷静处事，他们会先后退一步等一步，然后默默地向正确方向前进。

和平型的人一个非常明显的缺点就是非常懒惰，希望得过且过，回避一切工作，往往事情推迟到不得不动手才去做；他们对任何事情都没有热情，对于伟大的目标一点也不热衷；他们虽有温和的外表，内心却很固执，不愿意与人沟通；他们的沉默使他们避免了许多麻烦，但是隐藏自己的感情和不进行沟通，往往错过一些美好的感情。

性格类型的交错

现在，我们了解了四种不同性格轮廓类型的优缺点。因为几乎没有谁是百分之百属于某一种性格类型，所以每个人的优缺点也呈现出复杂交错的状况。如一个以活泼型主导同时兼具和平型倾向的个体，可能同时拥有活泼型与和平型性格的优缺点。

智者忠告

◎ 活泼型的人性格一般话多外向，乐观向上，感情外露，但是他们以自我为中心，好表现，不关注别人的感受。

◎ 完美型的人性格一般内向严谨、善于思考，但是天生消极，很容易产生悲观的情绪。

◎ 力量型的人一般气场强大，目标明确，做事执着，是天生的领导者，优点是自信，缺点是自负。

◎ 和平型的人性格最温和，他们对别人从不提要求，对自己也不苛求，但他们非常懒惰，缺乏进取心。

第十章

性格重塑

本章亮点

正视自己身上的缺点，不能讳疾忌医

夸夸其谈不算病，信口开河才要命

世界上没有什么是完美的

没有人喜欢太过强势的人

嘿！振奋起来

在上一章，我们总结和分析了四种性格类型的优点和缺点，可见没有百分百完美的性格。性格中的那些缺陷总是制约着我们职业的发展，阻碍我们对幸福的追求，甚至让我们的人生道路布满荆棘。那么，性格能不能重塑呢？让我们在拥有那些令人羡慕的优点的同时，摒弃那些让人讨厌的缺点呢？

中国有句古话叫："江山易改，本性难移。"因此要想改变一个人的性格是非常困难的。不过万事无绝对，还是有一些积极的方法能让你改正身上的缺点，塑造完美的性格。当然，要想改正你身上的缺点，首先要明确自己有哪些缺点。通过前面的性格测试，相信你已经看到自己身上有哪些缺点，哪些优点，你现在需要做的就是正视自己身上的这些缺点，坦率地承认，最好能用笔把它们记下来，不能讳疾忌医。如果你能做到这一点，你就迈出了性格重塑的第一步。

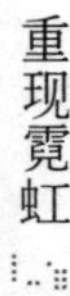

下面将针对这四种类型的性格缺陷，分别提出解决方案。

你为什么那么爱说话

活泼型的人最大的缺点就是话太多。他们总是喋喋不休，好像有说不完的话，和他们在一起你永远不用担心没有话题可聊。但是过犹不及，有时候话太多也不是什么好事，尤其是在你只顾滔滔不绝讲述自己感兴趣的话题时，丝毫不关注别人的表情和感受，很容易招致别人的反感。

我的一位女性朋友就是一个活泼型的人，她总能成为谈话的焦点，她绘声绘色的讲述开始确实得到了同事们的欢迎，可是日复一日，大家开始认为她太唠叨了，有时甚至避免和她交谈，因为那会浪费很多工作时间。而且她谈论的都是她自己感兴趣的星座、美容、塑身等方面的内容，这招致了一些男同事的反感。渐渐的她不在那么受欢迎，这让我这位朋友苦恼不已。于是她向我求助，希望重塑自己的形象。我很乐意帮她解决这个问题。在我看来她的问题主要有话太多和自我中心，于是我给她提出了以下重塑的建议：

⊙ **话只说一半**。控制说话的一个最好方法，就是说话减半。当你讲完一个故事还想讲第二个时，最好闭嘴。

⊙ **注意沉闷的信号**。如果听众对你的话题厌烦时，会以各种方式逃离与你的对话，比如去喝水、上厕所，你要能注意到这些信号。

⊙ **谈话要言简意赅**。不要把一件事说得很长没完没了。

⊙ **切忌言过其实**。夸夸其谈、信口开河的人，没有人会喜欢。

⊙ **关注他人的兴趣**。不要只聊自己感兴趣的话题，这样你的听众会越来越少。

⊙ **学会倾听**。不会倾听，这是活泼型的人先天性问题，因为他们只关注自己。

⊙ **记住别人的名字**。这是对别人最大的尊重，也会赢得别人的好感。

当然，这位女士的问题还不止这些。她还不关心朋友，不关注友谊，她看似很受欢迎，可是却没有一个真正的朋友，因为大家觉得她不够真诚，从不站在别人的角度考虑问题。关于如何交友详见本书的第二十三章“广交朋友”。另外活泼型的人有时显得没有条理，这可以从他们侃侃而谈中看出。我的建议是有时候说得好不如做得好，沉下心来踏踏实实做些事，不要光说漂亮话，你一定更受欢迎。

活泼型的孩子气有时让他们显得很萌很可爱，但实际上也是他们不愿长大，拒绝承担义务和责任的借口。因此，学会成长和成熟也是他们重塑自我的关键。

没有什么是完美的

完美型性格的最大缺陷就是过度追求完美，总想把事情做到最好，然而这个世界上没有什么是完美的。因此这种追求完美的过程往往是徒劳的，也给完美型的人带来巨大的思想压力，甚至导致抑郁。这也使得他们天生消极，缺乏安全感。我们身边有很多完美型性格的人，因为每个人都有追求完美的倾向。注意周围那些做事严谨、敏感、细节控的人，他们多半就是完美型性格主导的人。我们来看看如何重塑这些性格缺陷：

⊙ **要从内心承认世界上没有什么是完美的**。不要事事追求完美。

⊙ **不要对自己要求太严苛**。这只会增加你的心理压力。

⊙ **别那么容易受伤害**。顾影自怜会让你很痛苦。

⊙ **不要总陷入悲观情绪中**。世界没有你想象的那么糟糕，看到

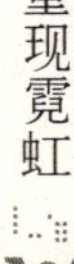

事物的积极面。

⊙ **找出缺乏安全感的原因。**也许与你的童年经历有关，也许与遭遇的某次打击有关，找出来解决它。

⊙ **学会聆听别人的评价。**听听别人对你的称赞，哪怕只是在恭维。

此外，虽然完美型的人做事严谨，有点细节控，但是有时他们太注重事情的每个环节，以致花太多时间在做计划，非要设计出百分百完美的计划才动手，这也使得他们做事拖拖拉拉。可是有些事永远是计划赶不上变化，不要把每个细节都考虑进去才动手，有些问题只有做起来才会发现。我的建议是：不要花太多时间做计划，雷厉风行，说干就干，学学力量型的人。

完美型的人还有一个问题就是对别人的要求太高，要知道不是每个人都跟你一样追求完美，放低对别人的要求标准，对你和别人都是一种解脱。要对别人的理解心怀感激，因为不是每个人都能理解你的内心。

没有人喜欢太过强势的人

强势是力量型人群的标签，也是他们成功的砝码。气场强大的他们是天生的领导者、工作狂和控制狂。但是有一点，我们无法忽略：没有人喜欢太过强势的人。因为他们独断专横，总想控制一切，态度异常强硬，总认为自己是对的，几乎不接受任何批评，不承认自己的缺点，也从不道歉。和这样的人一起工作久了，你要么被他的强势压垮，成为他眼中的傻瓜；要么奋起反抗，黯然离场。其实问题不在你的身上，只是因为力量型的人太过强势，需要改变的是他不是你。力量型性格的重塑建议：

⊙ **学会放松。**不要每时每刻都想着工作，生活不只是工作，还应当有娱乐、休闲、松弛的一面。

⊙ **停止支配他人，减小对别人的压力。** 控制欲太强会招致他人的反感，为什么每个人都要听你的，有时候越想控制别人，越会引起别人的逆反心理。

⊙ **学会道歉，承认自己也有某些缺点。** 没有谁是永远正确的，每个人都会犯错，犯错以后要积极道歉，这样才会被人接受。

⊙ **学会低调，更有耐心地处理事情。** 不要一遇到问题，就用霸道的语气训斥别人。行事太过高调、态度过于强硬都是不明智的。要学会耐心温和地听取别人的意见，低调行事。

总之，力量型的人就属于太过强势的那类人，他们有时候甚至相信依靠自己的一己之力就能把事情干好，别人都是弱者和傻瓜。这使得他们的人际关系非常差，这也往往成为他们事业成功的绊脚石。要想清除这个障碍，最好的方法是让自己的性格变得温和些，比如不妨学习一些和平型的性格优点，一定会大有裨益。一般而言，力量型的人是最容易取得成功的，只要他们能正视自身存在的那些缺点，一定会取得很高的成就。

嘿！振奋起来

和平型是四种性格类型中最温和的，他们好像对什么事情都没意见，对自己的要求也不高。他们从不兴奋，有一种得过且过的心态。因此，和平型的人有一个非常明显的缺点就是缺乏热情，不够兴奋，外在的表现就是非常懒惰。他们回避一切工作，往往把事情推迟到最后一刻才去做；他们好像对任何事情都没什么热情，对于伟大的目标更是毫不热衷。总之，他们就像一只在晒太阳的肥猫，只要有口吃的，就不会费神费力地去抓老鼠。“嘿！振奋起来！”每次遇到和平型的人我总想大声呵斥。针对和平型的人的问题，我

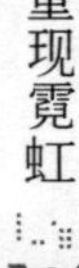

提出以下解决方案：

- ⊙ **找到自己最感兴趣的事情，从中获得热情，兴奋起来。**每个人都有自己的兴趣和爱好，即使没有，也可以重现发现和培养（关于这点详见本书第二十五章“重拾兴趣爱好”），从兴趣爱好中挖掘自己的热情。记住，一定要坚持下去，不断改进。
- ⊙ **尝试新鲜事物。**无论什么，都要敢于尝试。比如去游乐场尝试自己以前从不敢玩的刺激游戏，去一个陌生的地方吃饭。不要拒绝改变，墨守陈规的生活是多么的乏味无趣！
- ⊙ **学会承担自己的责任。**和平型最主要表现是懒惰，希望得过且过，回避一切工作，这其实是源于自己不愿承担责任。每个人都应承担起自己的那份责任，谁也不例外。
- ⊙ **学会与人沟通。**和平型的人表面温和，内心固执，不愿与人沟通，不想别人了解自己的想法，这也阻碍了他们的成功。
- ⊙ **要有主见，学会说“不”。**不要任何事都不发表意见，对于自己不想做的事要学会拒绝。

和平型的人的缺点还有做事马虎随便。因为他们做事没有强烈的目的性，而且把事情总是当做不得不完成的任务，无形中把工作当成了负担，工作热情被消磨的同时，做起事来也显得马马虎虎，草草了事。这也是他们在职业生涯中很难成功的主要阻力。

从现在开始

我一直在说，这四种类型只是性格类型的大致轮廓，具体到每个人身上还有更复杂的面貌。一个活泼型主导兼具和平型性格的人，可能同时拥有两种性格类型的优缺点，而这些优缺点又相互影响演化出新的性格特点，这也是我们人类性格呈现出千差万别的根源之一。

所以，性格重塑从一开始就是一个非常复杂的过程。即使我们认清了自己的性格轮廓，也难以真正寻觅到百分百符合自我重塑的方法。不过根据这部分的内容相信你一定能找到自己的一些优缺点。那么，不要犹豫，从现在开始就按照那些重塑方案和建议，进行自我重塑。经过一段时间，你会发现自己好像换了一个人。这应该就是你进行性格重塑的终极目标。

智者忠告

◎ 控制说话的一个最好方法，就是说话减半。如果听众对你的话题厌烦时，你最好不要继续说下去。

◎ 要从内心承认世界上没有什么是完美的，不要事事追求完美。

◎ 控制欲太强会招致他人的反感，为什么每个人都要听你的？有时候越想控制别人，越会引起别人的逆反心理。

◎ 要有主见，学会说“不”。不要任何事都不发表意见，对于自己不想做的事要学会拒绝。

第四篇

重塑身体

得不到充分休息，每天面临繁重的工作，每件事都要求更多努力……在这种情况下，你越来越多地从毫无节制中寻求拯救：无节制地吃喝，无节制地熬夜，无节制地看电视。种种的无节制最终让你的身体付出了代价。

在这一部分中，我们将告诉你何为适当休息及适当休息的意义，还将讨论如何解决肥胖问题。并且通过改变你在超级市场的购物内容，重塑你的外表和内心——就从你下一次去超市开始。

第十一章

寻找平衡

本章亮点

放慢速度，恢复生活的平衡

如何往玻璃罐中装大石块、小鹅卵石和沙子

重新分配你的时间，比如早起30分钟、早睡30分钟

工作时劳逸结合，偶尔偷懒

避免过度劳累的策略

如果你的生活充满这样的内容：最后期限、做不完的工作、无休止的竞争、不眠不休的运转，没有一点自己的时间，你很可能将在忙碌中失去平衡。失去平衡，你的生活也将杂乱无章，不合理的饮食、无规律的睡眠都会对你的身心产生巨大伤害，寻找并获得平衡是你重塑身体的第一步。

保持生活的平衡

人很容易陷入对未来的担忧中，而不是享受眼前的生活。有一位佛学家曾这样描述这种状态：

“如果我不能快乐地洗盘子，而老想着快点洗完后去吃甜点，那么我同样也不能享用我的甜点。虽然手里拿着盘子，心里却在想

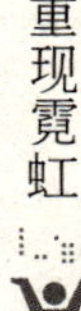

下面该做什么，于是甜点的味道，以及食用时的快乐，统统消失了。我总是被拖到未来，从来无法活在此时此刻。”

想要活在此时，追忆过去是一种有意义的做法，在追忆过程中思考什么对你来说最重要。这样小则促使你对生活稍作调整，大则给你的生活带来重大变革。

要恢复生活的平衡，就要面对一个大悖论：如果你绷得很紧、昼夜忙碌，一直感觉有做不完的事，越是这样，你越是不愿从一天中抽出时间筹划一下如何从一团乱麻中解脱出来。换句话说，因为相信自己没有时间改变生活，你陷入左右为难的境地。拜托，将这种陈旧的想法抛到九霄云外吧！

当我在全国各地的论坛集会上发表演讲时，我经常告诉听众，生活在这个不断加速的社会，为了达到平衡，你要做的第一件事情就是放慢速度。当你已经日复一日、月复一月、年复一年地高速运转，而且周围的每个人也是如此，这时放慢速度，感觉就像一种认输。

但是，一个星期中有很多机会，可以抽出30～60分钟，用来规划平衡工作与生活的宏图，比如少看一个电视节目。

为了让活力重回你的生命，首先列出你喜欢的活动，浏览你列出的单子，回忆自己最近一次真正参与这些活动是在什么时候。如果你能诚实面对自己，很可能答案就是几周前、几月前，甚至更坏。现在，进行排序，从你最想完成的开始，按优先降序排列。

然后抽出时间去参加一个你最喜欢的活动。放慢你的生活节奏，多做几次你会重新找回失去的平衡。

重要的先来

当有许多事项需要处理时，要分清轻重缓急，并讲究一定的方法，这就好比往玻璃罐中装大石块、鹅卵石和沙子。

假设石块代表优先级最高的事项，鹅卵石代表其次重要的事项，而沙粒的重要性则排在第三位。当你先处理石块，即主要事项时，神奇的事情发生了：你还能找到空间安置第二和第三位的事项，它们见缝插针，得到妥贴的安置。但是如果你倒过来做，很有可能最终你忽视了生命中真正重要的东西，而在那些琐事上分散了自己的精力和努力。

好，那么对你来说重要的是什么？

这里有一个练习，找出你生命中最重视的东西，这将帮助你关注那些最需要重塑的领域。画出一幅饼分图，每个扇形的面积代表你现在花费在每项活动上的时间。

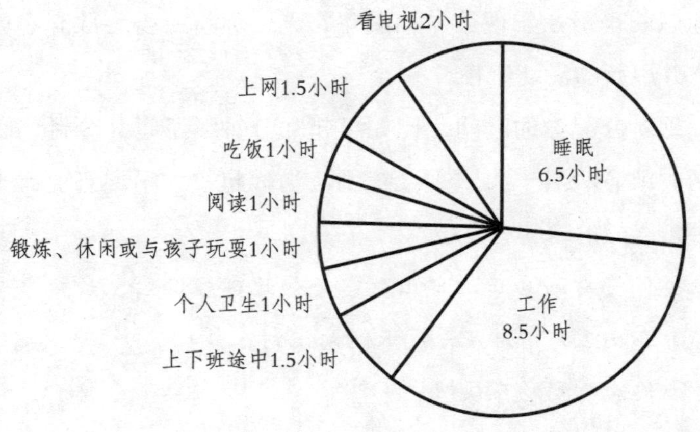

画出第二幅饼分图，现在每个扇形面积代表你希望花费的时间。

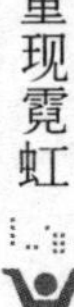

理想时间安排

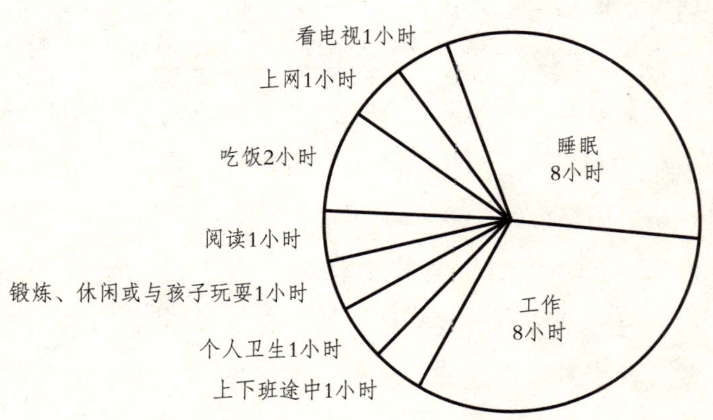

考察这两幅图，可能你已经发现了一些显著的变化。这些差异正代表感受到生命失去平衡的程度。

那么，如何调整第一幅图——消除或改变一些项目——以便达到理想的平衡，实现第二幅图呢？无疑你将不得不放弃一些个人习惯，并用新的活动代替。

重新分配你的时间，比如早起30分钟，早睡30分钟，少上一会儿网，或者少看一集电视连续剧。当你起个大早，只要比平时早30分钟，奇妙的事将会发生：

⊙ 你将看到真正的日出。它是如此辉煌灿烂，虽然每个早晨都在发生，但却几乎没人能意识到。

⊙ 你能听到鸟儿欢叫。

⊙ 你能看到送牛奶的人到处走动。

⊙ 你起来时广场还没什么人。

无论是哪种场景，空气中都弥漫着一股活力、能量和兴奋。地球上新的一天，也是你生命中新的一天，即将开始，还有什么比这更令人愉快的呢？清晨的这段时间，你可以用来沉思、锻炼、优哉游哉地洗个澡、吃顿美味的早餐等等。

工作中的平衡

一天当中，如果你感到有些疲倦、劳累或者没力气，问问自己现在做什么，才能战胜它们。也许是15分钟的走动，也许是和同事说会儿话，也许需要嚼一根胡萝卜，也许只是喝一杯水。留意你的身体给出的回答。这也许不是最理想的解决方法，但至少能让你动一动。

如果感到疲惫，状态不好，或者其他“不对劲”，给自己一段“放风时间”。走动5分钟，往脸上洒点水，访问最喜欢的网站，对自己说些激励的话。选择任何一种，都能将你带出当前的状态。

“放风时间”可以听一首喜欢的歌，做几个深呼吸，念一首鼓舞人心的诗。工作时，每当厌倦的情绪包围你时，就在办公室里做这些；回家的路上也可以这样做，以免将糟糕的感觉带回家。如果有必要，坐在车上别下来，直到自己感到更自在、更放松、更积极。

如果在工作上面临很大压力，也可以告诉你的家人，这样他们能在家里为你创造出一个舒心的环境。到家后的15分钟内，你会换衣服，喝点饮料，整理物品，然后安顿下来。只有走出“工作”状态，你才能更好地接纳配偶和孩子。

定期打破常规，做一些新鲜的、令人兴奋的事。比如偶尔晚饭吃外卖，或者先去按摩再回家。有时不和孩子一起吃晚饭，有时让孩子做晚饭。无论用什么方法，避免让自己倦怠。

旅途中的平衡

如果你经常出差，你将面临更大的平衡工作和个人生活问题。

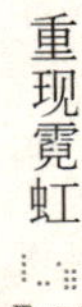

明智的做法是和你的家人或伴侣讨论多少出差数量是合理的。你可能会惊讶地发现你的配偶或孩子根本无法接受你现在的出差次数。告诉老板这一情况，并说明你能重新安排时间表或者任务，减少出差并不会影响你的工作效率。

出差要尽量避开神圣的家庭日，如生日、纪念日、孩子的典礼等等。这能帮你避免许多麻烦，还能让你的另一半感到重要的时刻你都在场。如果周末对你的家庭生活很重要，尽量把工作安排在周二、周三或周四进行，避免周末出差。如果你不在身边，你的伴侣和孩子会感到周末漫长而孤独，特别当他们已经计划了有趣的活动时。如果允许你也可以带上家人将商务变成一次小小度假。

如果旅途中只有你自己，确保每天至少用30分钟来“自我更新”。如果下榻的宾馆有游泳池，不妨去游个泳，还可以散散步，或者逛逛有趣的商店。

在你出差的日子里，每天固定一个时间和你的伴侣及孩子联系。而且，留下甜蜜的字条和小礼物，等待家人在你离开后发现。比如临走那天在孩子的枕头下面藏点东西，或者在配偶的梳妆台上贴张字条告诉他们你的安排。

出门回来，首要任务就是倾听家人讲述你离开期间发生的故事。他们有好多东西要告诉你，如果不说出来会很郁闷的。等他们说完，你再和他们分享你的旅行经历。

避免过度劳累

接下来探讨如何缩短实际工作时间。如果你一周工作时间超过45小时，你需要减到40小时。如果40个小时仍让你感到太辛苦，那就继续削减。

无论哪种情况，准备一份提议，提交给老板。这份提议应当面面俱到，例如，工作时间缩短后你将如何处理现在的工作任务，或者你会不会在家里或者其他地方工作。这里还有一些要考虑的问题：

⊙ 如何处理紧急情况？

⊙ 出于公平，你认为应作哪些补偿？

⊙ 什么方案既公平又有益？

也许你想在一段有限的时期内减少工作时间，短则一个月，长则半年。那么在计划中，一定要写明你打算何时恢复工作时间，同时要认真考虑公司能从你的计划中获得什么好处，例如：

⊙ 待到你回来，他们会看到一个表现出色、经验丰富、精力充沛、洞察敏锐的员工（见第二十章“休假”）。

⊙ 和寻找替代人选相比，他们能节省时间和金钱。

⊙ 你以后的病假更少。

⊙ 你会更忠诚而且感激（一定要声明这一点）。

⊙ 你可能学会了一些新技能，如远程委托、计划、统筹以及项目陈述。

视情况而定，你可能有必要给当地劳动保障部门打个电话，看看有没有什么法律保障兼职员工不受老板歧视。可能有些老板会提出，如果变成兼职，会很难找到你。但是，事实上全职员工也不是随时随地都能找到的：他们可能正在外出、开会、参加培训等等。

接下来讨论一下时间表的安排，如每天工作半天；一周工作两天半；前一周工作两天，后一周工作三天；在办公室工作两天，在家工作一天；工作一周休息一周，不一而足。只要你能想得出来，并能说服老板，就完全可以任意安排。

无论是削减工作时间，还是采用更灵活的作息表，一旦达成协议，立刻写下来并签上字，同时让主管签字。协议应当详细说明工作时间、职责、薪水、福利，以及任何其他事项，还应包括有关到期时间的承诺。

与此同时，你的责任是与所在领域，尤其是所在公司和部门

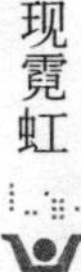

的发展保持同步。此外，还应参与公司举办的新培训，学会新的程序、系统等等；与师长、同伴保持联系，这样，当你回到全职岗位时，你的技术和知识水平才能与职位相匹配。如果在休息期间，你能找回平衡感，那么你所做的一切都是值得的。

智者忠告

◎ 失去平衡，将很难获得快乐和健康。

◎ 为了获得平衡，你的首要任务是放慢生活节奏。

◎ 告诉家人，当你下班回来时，在家中营造一种舒心的氛围。

◎ 如果出差是工作的一部分，那就和家人一起讨论合理的出差数量。

◎ 如果你确实需要削减实际工作时间就向老板大胆说出来。

第十二章

战胜肥胖

本章亮点

臃肿不是美，而是病

保持健康体重，而不是疯狂减肥

战胜肥胖，重返健康

随时随地做运动

合理饮食

体育锻炼能让我们精力充沛、身体健康，还能改善我们的体型，增强自信。在过去几十年，随着生活水平的提升，越来越多的人加入超重甚至肥胖的行列，在欧美等发达国家这个比例已经达到惊人的61%。减去多余体重，塑造完美身材，还有比这更好的重塑自我的方法吗？

臃肿不是美

国际体重监测公司是一家关注大众减肥问题的公司，对肥胖很有研究。根据该公司的数据，现在大约有三分之一的人属于肥胖，比例之高令人瞠目。“调查显示肥胖增加了一些慢性病，如糖尿病、高血压、心脏病以及某些癌症的发病率，而且这些慢性病有可

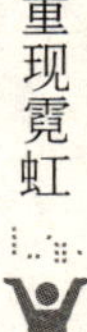

能危及生命。”加强体育锻炼，保持健康体重已成为刻不容缓的首要任务。

然而，每天能够保证完成所需锻炼量的成年人比例不足四分之一。我们中的大多数偶尔去锻炼一下，还有的人压根就不锻炼！

过去10年里，肥胖人群的比例大大提高，无论男性还是女性。根据国际心脏联合会的报告，过去20年中，超重儿童的数量翻了一番多。“20年前，在5至14岁的儿童中有15%超重，今天这个比例达到了32%。”好吧，让我们从战胜肥胖开始自我重塑。

一个沉重的话题

毋庸置疑，全民超重已成为一个沉重的社会性话题。

讽刺的是，当我们不断攀上肥胖高峰之时，我们却对纤瘦表现出从未有过的推崇。社会告诉妇女，特别是女孩子，她们的内在价值直接与身体外观相关——而且只有纤瘦的体貌外观才能被接受。

作为理想身材的代表，无论是时装模特还是影视明星都很瘦。这种以瘦为美的执著造成了各种饮食失调的悲剧性蔓延，而纤体产品和减肥广告的层出不穷加剧了这种观念。只有抛开这些关于体重问题的社会偏见，代之以对健康的关注，我们才能拥有一个健康的身体。

关于体重标准，在欧美国家有一个简单的测量方法，名叫“体重指数（BMI）”。计算公式是：BMI=体重（公斤）÷身高（米）的平方。BMI在25至29.9之间的为超重，超过30的为肥胖。在亚洲国家，这个标准更低，BMI大于23就算超重了。

如你体重70公斤，身高1.65米，那你的$BMI=70\div1.65^2=25.7$。

你的BMI值多高？

好了，现在计算一下你的 BMI 值，对于那些 BMI 值高于 25 的人将有更高的危险死于高血压、糖尿病、冠心病、中风、胆囊炎、关节炎、睡眠时呼吸暂停、子宫癌、乳腺癌、前列腺癌和结肠癌以及其他疾病。如果超过25，BMI越高，危险越大。计算出自己的BMI值，对照标准，如果你属于超重或肥胖，别犹豫，你需要减肥了。

节食往往能在短期见效，却不利于长期保持。这是因为大多数节食法都是减轻体重而非保持体重。减轻体重能减去磅数，保持体重则能避免体重增加，这是两个不同的过程。

人们能够保持健康体重，说明他们已经在深层次上作出两个决定：

⊙ 他们已经决定长期处于健康体重水平。

⊙ 只要能达到并保持这个体重水平，他们愿意做任何事。

这类决定往往是某个内心过程的结果，包括自我检查、自我发现和自我成长。

重返健康之路

一、全面体检

重返健康之路始于进行一次全面的身体检查。不过，调查显示，对于那些没有医保的国民，很少有进行体检的习惯。

在一次全面身体检查过程中，医生会关注你的个人习惯及相关问题，询问你的健康状况，你的家族病史，还常常进行筛选测试。这些步骤的目的在于保证你的持续健康，并告诉你为了保持长期健康应对现状作哪些改变。这里还有一些应当定期检查的项目：

⊙ 牙齿检查——1年一次

⊙ 眼睛检查——3～5年一次

⊙ 血压——2年一次

体检完毕之后，和你的医生一起讨论一个安全可行的锻炼计

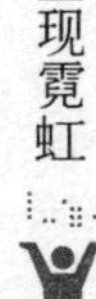

划，包括室内外活动、加入健康俱乐部等。

二、加入健身俱乐部

如果你选择加入健康俱乐部，应尽量使其效果最大化。踏车和自行车是最好的热身项目，因为你可以从很慢的速度开始。

打破恶性循环。当你精神抖擞地锻炼太长时间——在俱乐部能看到很多人这样做——你会进入一个难以解脱的怪圈：

⊙脱水，所以你拼命灌水

⊙饥饿，所以你拼命进食

⊙疲惫，所以你需要更多睡眠

于是，第二天醒来你又饥又渴还无精打采。你的辛苦锻炼以暴饮暴食结束。参加健康俱乐部有助于重塑，但要量力而行，持之以恒。

三、制定健康目标

有多少人真正了解他们希望一年后、两年后自己的腰围变成多少？6个月后自己的血压变为多少？

若能将计划定得远一些，腰围可能减小得连自己都想象不到。能够保持每星期减少0.5公斤是项不简单的功绩，那意味着1个月少2公斤，2个月少4公斤。

那些指望快速减肥的人往往会以同样快的速度重新变胖。那些一下子减掉20公斤或30公斤的人常常在几个月后又增加二三十公斤。欲速则不达。因此，制定合理健康的目标非常重要。

四、制定锻炼目标

如果有钱，不妨请一位有经验的教练和你一起制定减肥锻炼计划。不过，如果没有其他人帮助，你自己也能成为一名出色的教练。为自己制定不同目标：

⊙**长期目标**：给自己定一个未来3到6个月内实现的目标。但长期目标要合乎实际——例如，16个月内减轻4公斤或者15分钟内走完1.5公里。

⊙ **短期目标**：为了保持动力，你需要持续的获得成就感。制定为期一周至一个月的短期目标，例如，坚持参加有氧训练班，或者走完1.5公里所费时间每星期减少10秒。

⊙ **即时目标**：为每天每件工作制定的目标。例如每次锻炼结尾时花10分钟时间大踏步走两公里，或者在山路上骑自行车。

每天就几分钟

无论在生活中或工作上遇到什么，都没有理由忽视你的身体，因为身体是革命的本钱。每天花上几分钟锻炼一小会儿，你将会受益无穷。

下列方法有助于将锻炼纳入日常生活：

⊙ 在办公楼里每次下楼都走楼梯，需要上1到5层楼时也走楼梯。

⊙ 购物时将车停在距离商场较远的地方。

⊙ 陪女友逛街购物。即便在购完物后，花5到10分钟时间走到商场最深处，再走回来。

⊙ 养成饭后散步的习惯。即便是10到15分钟的缓慢散步也能让你第二天早晨感到更加精力充沛，并对保持体重有好处。

每天都有很多锻炼身体、保持体形的机会。如果你富有创造性，还能使其充满乐趣。例如，闲暇时可以，在公园里散步，在平静的湖中仰泳，或者滑冰穿过广场。此外还有一些其他方法：

⊙ 主动寻找各种锻炼机会。例如，把车停在距工作地一到两个街区的地方。

⊙ 养成走路的习惯，不要一出门就打车、开车，既费钱又不利

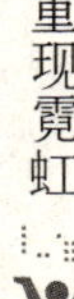

于身体健康。

⊙和朋友一起参加户外锻炼。那样的话，你们能相互监督。

合理饮食

饮食中应当包含充足的蔬菜、豆类、水果和粗粮，这一点很重要。研究人员发现高营养、低热量、低脂肪、中度蛋白质的饮食是非常健康的。此外，你还要知道如何合理安排你的三餐。

人们最常忽略的就是早餐。就算吃也只是随便弄点点心草草了事。你说早晨没有时间做早饭，那我建议前一天晚上早睡15分钟。如果准备一顿热早餐对你来说太麻烦（即便在微波炉出现以后），那么你最好的选择就是那些冷的谷类食品。我的冰箱里总是储备着燕麦片、八宝粥。每天早晨，我会喝一小碗燕麦粥或八宝粥，以便在一天的开始就获取丰富多样的营养。

你是“办公桌午餐综合症”的受害者吗？午餐时你需要离开办公桌到处走走，获得必要的锻炼和放松。下列策略能保证你享用到良好的午餐：

⊙定一个目标，在两周内试遍该地区所有餐馆。但要保证只去健康餐馆而不去快餐店。

⊙和朋友一起吃午饭。

⊙如果住得够近，也可以偶尔回家吃顿午饭。

健康的秘诀是一天必须吃三顿饭。在三餐中，错过晚饭的害处虽然最少，但也不能不吃。

晚饭吃得越早越好。如果能在7点以前吃，那就在7点以前吃，能在6点以前吃则更好，这样在你休息之前能有更多时间消化食物。

要重塑自我，最重要的方法之一就是重塑锻炼和饮食方式。这可以促进健康、激发活力。

智者忠告

◎ 现代人正变得越来越胖，无论对个人还是对社会来说，都已成为一个沉重的话题。

◎ 重返健康之路始于访问医生和进行一次全面体检。定期体检是保证健康、保持体型的重要因素。

◎ 那些指望快速减肥的人往往会迅速反弹，甚至更糟。

◎ 每天都有很多运动、锻炼的机会，只要你善于发现。

◎ 早餐吃饱，午餐吃好，晚餐吃少。

第十三章

人如其食

本章亮点

近距离观察不健康的饮食习惯

食物指南金字塔——你的饮食结构图

改变你的食谱，选择有机食品

通过有计划的禁食改善你的身体系统

绘制营养蓝图，享受健康人生

想象早晨醒来感觉睡眠充足、心情愉快，而不是感到疲惫和忧虑。想象享用一顿健康而美味的早餐，而不是匆匆忙忙吃一些路边摊的东西。想象对食物充满渴望，而不是无视它或者将进餐视作不得不完成的任务。想象因为健康可口的食物而有一个好心情，而不是随便吃点什么。

这些想象听起来像是白日梦，但你可以让它成为现实。改变自己的饮食习惯，让你吃的每顿饭——放进嘴里的每一口——都成为重塑自我计划的一部分。正如你在心智、性格、职业或者其他重塑方面所做的那样，你也可以将同样的精力投入你的饮食。

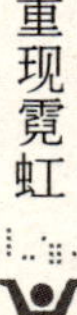

你的饮食健康吗

“人如其食”这个俗语已经成了陈词滥调，但是就像许多别的陈词滥调一样，其中往往蕴含着真理的内核。几乎身体内的每一块物质，其最初的形式都是你所咽下的食物或饮料。我们将吃进去的东西转化成血液、皮肤、牙齿、骨骼和器官组织。这不是说如果你吃下去一只鸡就会变成一只鸡，而是说饮食选择将影响你的生命质量，最终影响你的寿命。

但是如今大多数人的饮食习惯都不健康。

根据一家调研公司的调查结果，现在在路上（在私家车上或公共交通途中）吃早餐的人数比20世纪90年代翻了一番。

午餐的情况也不容乐观。大多数人的午餐不过是在快餐店，或者在公司食堂、便利店购买一些简单食物。

我们来看假如你去麦当劳吃午饭，买了一个0.25磅（0.11千克）的奶酪汉堡，一份中薯条，一小杯软饮料。这份中量的午餐已经带给你1130卡（4723焦）热量以及52克的巨量脂肪！如果你决定稍稍挥霍一下，午餐时增加一小份奶昔，那么又将增加360卡（1505焦）热量和9克脂肪，总量达到1490卡（6228焦）热量和61克脂肪——相当于成年人每日所需热量的一半，脂肪量超过成年人每日所需全部。

晚餐对大多数人来说是最重要的一餐，往往也意味着更多的热量、脂肪和胆固醇。更别提那些脂肪含量超高的甜点冰淇淋了，这很可能会引起消化不良。

一旦养成这些不健康的饮食习惯，会在你的体内形成恶性循环，周而复始，直到压垮你的身体。

是时候反思我们的饮食行为了。

食物指南金字塔

下面这个食物指南金字塔，为我们描述了六组食物不同的需要量。

食物指南金字塔

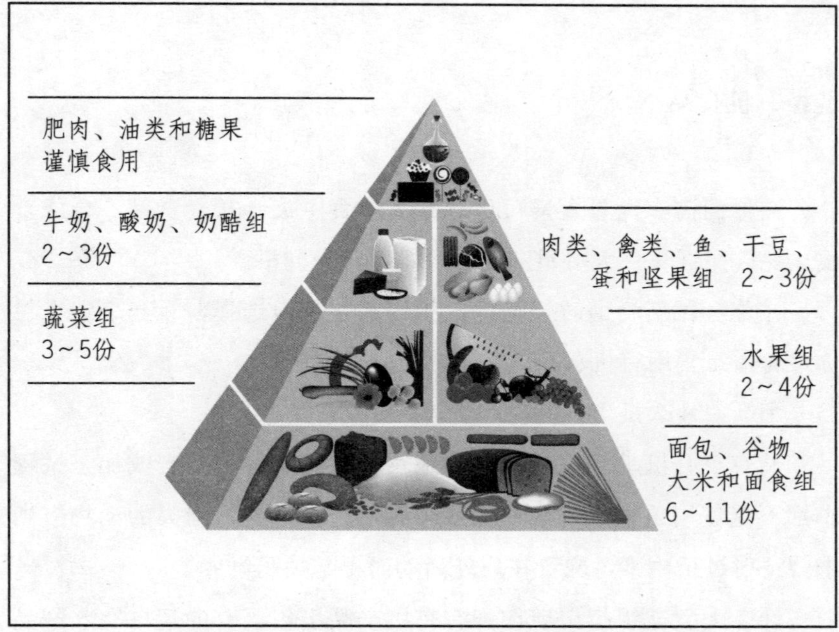

从图中可以看出，每天从面包和大米组摄入6至11份，从蔬菜摄入3至5份，从水果组摄入2至4份，从牛奶、酸奶和奶酪组摄入2至3份，从肉类、禽类、鱼类、豆类、坚果和蛋类组摄入2至3份（这里的“份”意为少量）。我的建议，尽量少吃脂肪、油类和糖果。

食谱的变动

现在可以对你的食谱稍加变动：用传统的燕麦代替汉堡，用一

片水果代替油条，开始喝天然果蔬汁吧。将水果和蔬菜汁纳入健康食谱是一种保持健康的好方法。

如果你早晨仍然需要一杯舒适的热饮，考虑喝茶。真正的茶不含咖啡因，有助于振作精神。例如，一些混合茶就以其促进精神、降低胆固醇、缓解压力，甚至有可能起到抗癌的功效，如薄荷茶能用来安抚胃部不适，甘菊有利于放松心情、缓解压力。

选择有机食品

在你面前有大量食谱可供选择。素食主义、长寿食谱、合成食物、民族烹饪——太多重塑选择，难以一一列举。

在你尝试新食谱时，记住，相比其他任何选择，有一个选择对你最有益：食用有机食品。

那么，什么是“有机”？

贴有“有机”标志的水果和蔬菜，在其生长、生产或加工过程中都不能使用杀虫剂、除草剂或防腐剂。生产有机肉类的动物应当未曾注射过抗生素，应该在户外活动而不是关闭饲养。

许多大型连锁超市现在都有有机产品出售，有的超市在农产品区域单独辟有机部，有的则将有机食品分散在一般农产品当中。但要小心——一场暗中酝酿的信息误导运动正试图毁坏有机食品的声誉，乃至摧毁有机食品产业。

你可以在健康食品商店、高档市场，或者超市的健康食品部找到有机加工食品。

有机食品比一般食品要贵一些，这是由于有机食品的生产和销售量较小的缘故。但是如果考虑到将来在医疗保健方面节省的钱，完全值得为有机食品支付更高的价格。

禁　　食

不吃怎样？越来越多的健康专家向人们推荐有限的、有计划的禁食，作为促进身体整体系统性康复的方法。虽然禁食在国内还不常见，但在欧洲已得到广泛认可。大多数欧洲国家甚至还有专门实施治疗性禁食计划的诊所。

禁食在瑞典尤为流行。许多古代文明，包括亚洲和美洲文明，早就将禁食看作一种可靠的治疗方法。国内的现代健康人士现在也开始同意这一观点。

禁食的倡导者认为，由于体内的细胞需要不停地加工营养物质，因而没有机会清除自身的垃圾和毒素，从而加剧衰老和疾病。禁食能给予细胞所需的呼吸空间，从而延年益寿。

医疗性禁食有两种：水禁食和果汁禁食。水禁食意味着你能摄入的唯一物质是水！这种禁食能使体内迅速清洁，但同时也会对身体系统有一定打击。果汁禁食不会带来大的系统性打击，你可以饮用天然果蔬汁，从而为身体运作提供少量热量，为新陈代谢提供精华维生素，为垃圾和毒素在体内的运输提供矿物质。最理想的做法是，在任何治疗性禁食过程中，每天至少要喝2~3升液体，最好更多，达到4升，无论是水或者果汁，以便帮助身体清除垃圾和毒素。

参与者在禁食后除了身体上能获得好处外，常常还会感觉心智上、感情上和精神上焕然一新。

禁食多长时间最合适呢？大多数治疗性禁食一般持续3到7天不等。无论如何，禁食过程中要密切关注身体和精神的感觉。如果开始收到停止信号（当然不是指饥饿感），那就要停下来！在禁食方面有许多专门的书籍、课程和网站，所以在开始实施前一定要找到一个安全、可靠的禁食计划并严格执行。

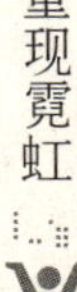

绘制营养蓝图

现在有大量可供选择的食谱。你如何知道自己对维生素的需求？绿茶真能抗癌吗？素食主义对你是否合适？你的禁食计划是否安全？如果你想找到这些问题的答案，你可能需要咨询一位饮食师或营养师。饮食师和营养师是经过训练的专业人员，能在营养问题上给你提出建议。

然后根据营养师的建议，为自己绘制一幅营养蓝图。绘制个人营养蓝图前，你可以：在书籍和网络上做一些调查，检查自己的饮食搭配是否合理；逛逛健康食品商店，那里是学习营养知识的绝好场所；和朋友们讨论营养问题；必要时寻找专业咨询或指导。最后制订出计划并遵照执行。

看到自己的每一点进步，为成功而庆贺，在犯错时原谅自己。最重要的，要持之以恒，坚持不懈。

智者忠告

◎ 生活节奏的加快让现代人的饮食习惯越来越不健康，这个问题是时候引起重视了。

◎ 多吃蔬菜水果，保持饮食平衡。

◎ 选择有机食品，开始喝天然果蔬汁。

◎ 改变自己的食谱，绘制自己的营养蓝图，有计划地开展重塑身体的计划。

第十四章

运动起来

本章亮点

重塑身体从运动开始吧

有趣的运动：跳舞、武术和瑜伽

在家中锻炼还是参加健身俱乐部

关键是改变你的生活方式

随着生活水平的大幅提高，越来越多缺乏运动的人患上了一些所谓的“富贵病”，严重降低了生命质量，缩短寿命。这些所谓的“富贵病”包括糖尿病、高血压、心脏病等等，不胜枚举。重塑身体，就从运动起来开始吧。

动 起 来

身体运动起来有很多好处，可以：

⊙使心脏、肺、肌肉和骨骼更加强健

⊙有助于控制体重和血压

⊙使你精力充沛、身体健壮

⊙有助于睡眠

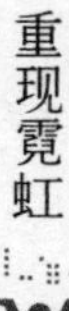

⊙缓解压力

⊙使你对生活的感受更积极

如果你很在意生命质量，就从现在开始运动起来。你不必以最终参加职业体育或者奥运会为目标，但你一定能通过锻炼重塑自己，使身体更健康、更灵活，身材更好、更自信。运动的形式多种多样，下面为你介绍几种常见的运动形式。

一、团队运动

要使体育锻炼成为生活的重要组成部分，一个很好的方法就是参加一项团队体育项目，比如篮球、足球或曲棍球。团队运动作为一种锻炼形式有很多好处。例如，许多人发觉，如果有个伴，锻炼会更容易。如果你参加的是团队项目，那么队里的每个人都是你的同伴。

一般的团队项目包括篮球、足球、橄榄球、垒球、排球和曲棍球等。篮球、足球和排球是其中最容易开展的，至少在设施和装备方面的要求最低。只要有一只球、一块空地和一群伙伴就可以开始了。

二、对抗性运动

如果团队运动不能激发你的兴趣，可能对抗性运动更适合你。这类运动通常是一对一或者二对二的。网球、壁球、羽毛球、乒乓球和击剑都是广为人知的对抗性运动。

参与这类运动，你也能找到一个同伴，也需要投入其中，因此这类运动具有团队运动的优点；同时，对于那些倾向于独立行动，不愿与队友合作的人来说，这类运动又具有独特的吸引力。对抗性运动往往移动更迅速、强度更大，适合需要这种运动类型的人们。

乒乓球和羽毛球都是那种找到场地可以随时展开的运动，网球也变得越来越普及，许多社区都有网球场。

当地体育馆也是一个不错的运动场所，让人们参与到这些及其他有益的对抗性运动中去。

三、个人运动

个人运动更加没有场地限制。跑步和游泳这样的运动，既可以在室内进行，也可以在广阔的户外开展，无论哪种情况，它们都是极好的有氧运动。

下面列出的个人运动项目也可供考虑：

- ⊙ 溜冰很适合那些住在城市、喜爱户外运动的人。
- ⊙ 潜水、冲浪和划船运动，在设备上需要更多的前期投资——但这些项目将在丰富性和兴奋性方面给你回报。
- ⊙ 对于那些喜爱自然环境，但不愿冒太大风险或不愿让自己太累的人来说，徒步旅行是极好的选择。
- ⊙ 攀岩是风险最大的个人运动项目之一，但是那些寻求刺激的人们的钟爱。随着室内攀岩的出现，攀岩成为又一项既能在室外又能在室内进行的运动。

如果你喜爱徒步旅行，找一群志同道合的朋友同行。跑步的人一般都有固定的同伴。事实上，出于安全的考虑，人们去攀岩、冲浪和潜水时总是成双结对。如果能找到一同锻炼的伙伴，你坚持下去的可能性会大得多。

跳　舞

除了体育运动，还有其他方法可以获得身体所需的活动。交谊舞，就是个好例子。交谊舞是一项有趣的运动，能让你在参与过程中享受美妙的音乐，结识志趣相投的人。

如今，各类交谊舞（如华尔兹、探戈、狐步等）培训班随处可见。跳舞还有一点好处，就是学习舞蹈时要求专心致志，这使你无

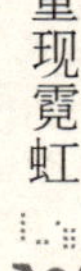

暇去想身体的劳累，于是整个过程更加令人愉悦。

武　术

武术是另一种有价值的锻炼形式。空手道、跆拳道和柔道这些项目，近年来成为广受欢迎的武术项目。

武术能增强力量，提高柔韧性，并提供有氧训练。武术还有助于培养身体的自觉，继而延伸到整个个人的自觉。改善与身体的关系意味着改善与自己的关系。

下面这两个项目也许你愿意一试：

⊙ **太极拳。**太极拳发源于我国古代，最初是一种武术形式，后来逐渐成为一种养生操。如果你曾经在公园里或者广场上看到一群人做着缓慢而一致的动作，那大概就是在打太极拳。太极拳主要是利用自然运动提供健康、平和的锻炼，从而引导身体松弛，特别适合老年人和身体较弱的人，因为他们不适合激烈的运动。

⊙ **瑜伽。**瑜伽诞生于几千年前的印度，是目前所知最古老的运动系统。人们常常将瑜伽和印度教联系在一起，实际上瑜伽的诞生要早于印度教。瑜伽共有八种，西方广为流行的是其中的一种，叫做hatha瑜伽，包括三个要素：身体姿势、呼吸控制和入定。

瑜伽有各种动作姿势：从基本的到复杂的，从简单易会的到富有挑战性的。尽管瑜伽动作往往缓慢而克制，但这种锻炼依然能让人精神愉悦。练习瑜伽有助于放松肌肉，使体内器官更加健康，并能增强灵活性。瑜伽锻炼能根据个人情况任意调节难易程度。

现在越来越多的人开始练习瑜伽。由于瑜伽在身体和精神两方面的积极作用，医学界对之越来越推崇。这种最古老的锻炼系统也是你最好的锻炼项目之一。

太极拳和瑜伽也是缓解压力的重要方式，关于这点详见本系列丛书中的《心灵瑜伽》一书。

在家中锻炼

如果你喜欢在家锻炼，但同时又想获得健身房一般的锻炼效果，那么可以考虑购买自己的家庭运动器材。

你可以挑选耐力锻炼器械塑造强健的肌肉；也可以购买有氧运动器械。一些器材，如跑步机，不占太大空间锻炼效果却非常好。

家庭健身器材价格多样，有的较贵有的较便宜，但只要适合你的需要，就值得购买。比如，如果你想使用精密的举重训练器材，你既可以选择去健身房，也可以选择购买家庭设备。如果你主要就为了练习举重，而不会真正使用健身房的其他服务和设施，那么还不如买一套家庭器材来得划算。

花钱购买家庭健身器材之前，应当认真分析自己的健康需要。一定要对自己诚实，除非确信自己会定期、持续地使用，否则不要购买。如果不去用，健身器材对你毫无帮助。

健康俱乐部：参加还是不参加

健康俱乐部提供各种各样的塑身器材。他们开设有氧操、舞蹈、柔身术和瑜伽课程。他们提供固定的自行车、踏车、跑步机，以及其他有氧训练项目。它们有成打的举重器材，能精确地锻炼身体的每一块肌肉。

健康俱乐部的收费往往不菲，但是如果能频繁而且有规律地

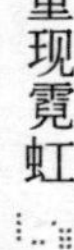

参加，还是很值的。不幸的是，我们身边都有这样的人：购买了俱乐部会员卡却一次也没有使用过。正如堆在车库爬满灰尘的健身器械一样，如果不去使用，健康俱乐部的会员资格对你毫无意义。许多人觉得要定期找出时间去俱乐部很难。有人觉得健康俱乐部很势利，或者说让人感到受胁迫，因为锻炼时所有成员都在镜子里比谁看起来更棒。简而言之，不是每个人都适合去健康俱乐部的。

与购买家庭健身器材的决策一样，在掏钱购买会员卡以前，你需要认真评估自己的健康需要。如果你需要的只是一部跑步机和一个锻炼伙伴，就别去买健身俱乐部昂贵的会员卡！反之，如果你想参加有氧操培训班，就不要买家庭举重器械。付现金（或者刷卡）前应慎重考虑，因为这关系到你的健康。

改变生活方式

在现在这个社会中，久坐不动的生活方式是缺乏运动背后的主谋。如能改变一下生活方式，那么在体育锻炼之外，你还能在生活中得到持续的身体运动。

锻炼增强健康，但是生活方式可能拖你后腿。设想一下，如果能采用有利健康的生活方式，那么体育锻炼的效果将更大。

久坐不动的生活方式具体指什么呢？看电视就是一个例子。你的身体可不管你看的是什么，身体状态都属于久坐不动。如果想要塑造体型，你必须减少看电视的时间。

使用电脑同样如此，现在很多人已经离不开网络，有的甚至痴迷于此，而且每天依然不断有人加入这一行列。电视和互联网已经并将继续给社会带来很多好处。但是既然我们中的许多人连运动的时间都挤不出来，那么为什么不从用电脑的时间中分出一部分用来锻炼？

为了抵消电视和电脑的不良影响，何不将目光投向生活的其他方面，比如爬楼梯。你明明可以爬楼梯却选择了坐电梯？的确，爬楼梯是件苦差事，特别是与乘坐电梯相比。

在日常生活中增大活动量，除了多爬楼梯，还要多走路、少开车、购物时把车停得远一些，这样做对健康的好处，能和定期锻炼相媲美！

此外，现在拥有私车的人已越来越多。虽然提出完全放弃汽车代步的建议是不可能的，但是减少对汽车的依赖应该是能做到的。有多少次你跳上汽车，只为了拐个弯，或者开过一两个街道？

太多人在能够步行的时候选择了开车，每一次他们这样做，实际上都在错过一种有益的锻炼方式。简单寻常的步行恰恰是极好的锻炼形式。

生活方式是关键。采用健康的生活方式，你将看到一连串相辅相成的收益，最终使你的身体更加健康，生活更加幸福，心情更加舒畅。

智者忠告

◎ 参与体育活动，无论是团队运动、对抗性运动或是个人运动，都是很好的锻炼方式。

◎ 除了体育活动，跳舞、武术和瑜伽也是同样有效的锻炼方式。

◎ 你可以选择购买运动器材在家锻炼，也可以选择去健身俱乐部参加锻炼。不过，在选择之前一定要明白自己的需要。

◎ 为了抵消电视和电脑的不利影响，不妨将目光投向生活中的其他方面，寻找各种锻炼的小机会。

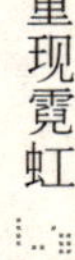

第五篇

重塑职业生涯

重塑你的职业生涯不一定意味着转行或者跳槽，你可以在当前的位置上取得飞跃性的进步。在这一部分，我们将考察职业生涯规划的重要概念，学习如何在数字时代生存和发展，提高自己的表达能力，立志成为领导，以及与别人有效沟通。

你还将看到许多重塑职业生涯的渐进型战略，相信这些策略和方法一定会让你受用一生。

第十五章

所有正确行动

本章亮点

选择自已喜爱并擅长的工作

不断寻找更好的工作方法

既在其位，谋尽其政

离职有风险，跳槽需谨慎

拓展人际关系网的策略方法

通过改进自身职业规划，你能改变自我感觉和整个人生。本章将探讨如何通过职业重塑实现人生重塑。

现在的位置

你是否感到无法脱身？你是否走在一条错误的路上？你是否在职业上不断攀登，却一直感到落后？在今天不断变化的工作环境中，这些都是常见的问题。这里真正的问题是：在你的职业生涯中，你到底想做什么？想到达什么位置？

如果请十个人来定义他们心目中的成功，你会得到十个不同的答案。我认为成功就是“通过设定目标、投身其中，并不断注入热情，从每天的生命中获取最大、最好的收获”。下面还有一些其他

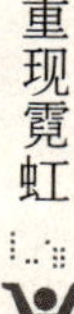

人的定义：

⊙做着自己喜爱并擅长的工作。

⊙对工作和生活感到满足。

⊙有能力成为举足轻重的人，并从中得到满足。

⊙取得一种向上的状态或者名声。

⊙健康和快乐，爱人并被人爱。

⊙从事着让自己和他人快乐的工作。

⊙实现自己的理想。

⊙大多数时间能得到自己想要的东西。

不一定要当上公司的CEO或者高管才能感到成功，只要你对当前的位置、从事的工作、学到的东西和取得的成就感到满意，你就是成功的。可能你是个刚来的却很能干的新手，可能是一位工作出色的小组领袖，或者仅仅是别人觉得很可靠的一个人。

无论你从事的是什么行业，在职业阶梯上每向上攀登一步都意味着有更多的责任、更长的工作时间和更大的压力，同时还意味着你取得的成就和犯的错误都将更加引人注目。你的职业生涯建立在自己的知识基础上，并随着知识的积累不断发展。

像企业家一样思考

无论你是初生牛犊还是职场老手，现在都应该开始像企业家一样思考问题。20世纪至今，都是家族式企业的天下，员工只能指望一份工资、一点福利和所谓的职业规划，维持生计，保持希望。今天，即便公司也不希望员工有这种感觉。

像企业家一样思考意味着研究形势，为企业工作而不是为工资工作，还意味着最高的忠诚留给自己和自身职业发展。就像那些为自己工作的人一样，你应当将每一份工作看作是暂时的。

如果你对自己现在所处的位置存在疑问，询问工作中和你最近的人。一位曾经近距离观察过你，并对你和你的职业发展抱有兴趣的老板对你的了解可能超过你的母亲——至少在职业方面。

如果你供职于一家大公司，你的老板会告诉你如何争取更高职位。你的老板还能向你指出那些可能阻碍你成功的不良工作习惯和知识盲点。

别害怕获得坦诚的反馈，长期来看，这对你很有帮助。把自己的头埋在土里，假装自己没有任何缺点，这样做毫无意义。

在工作中前进

如果你刚刚本科或者研究生毕业，得到了职业生涯中的第一份工作，这时你需要改变观念。如果你还认为自己是一个学生，赶紧停止这种想法，应当马上转换你的人生角色，给别人留下这样的印象——敏学好问、充满自信而且敢于承担责任。

和充满自信的人一起工作是很令人振奋的，他不用别人手把手教他如何工作，具有主动精神，而且可以独立解决工作中的问题。

无论这是个新职位还是老职位，不管你现在的工作方式怎样，也不管本行业的惯例如何，在信息技术日新月异的今天，一定会出现许多新的工作方法。不断评估自己的工作方式，考虑有没有其他更好的方法，和你的同事交谈，了解他们的方法。

亚伯拉罕·班杜拉是斯坦福大学的心理学教授，他认为自尊心“既不影响个人目标也不影响个人表现”。在对我国和美国小学生文化水平的测试中，虽然我国学生的成绩普遍优于美国学生，但是美国学生对自己和自己的学业的感觉却最好。

无论在职业中还是工作之外，良好的自我感觉都是一件好事。如果你不但有自信而且能不断努力提高工作效率，那对你的职业生

涯将更有好处。

最大限度利用现有位置

你是唯一一个将陪伴自己走过职业生涯每一步的人。因此，你是唯一一个要对自己的成败负责的人。如果需要，申请与自己职位相当的人一起工作。换到新位置后，尽量超前完成工作，这样你就能短期内提高速度，然后又一次向他人展示自己的价值。

有些人为了不让自己看起来太傻或者太无知，往往不去问那些有助于理解某件任务的关键性问题。如果你因为害怕而让问题搁置，那你最终完成任务时会效率低下或者完全做错。那意味着你将不得不重做，从而引发老板的不快，如果这样的错误发生了几次，你的工作可能就难以保全了。绝不要让这种情况发生！早问问题，赢得老板和同事的信任。

最重要的是，当你开始一项新工作，别让失败的恐惧阻碍你去冒险。谁说这个新职位就是你最后的归宿了？不断前进、学习和发展。有些人如此害怕风险，以至于安于平凡的职业和平凡的岗位，10年或者15年以后才发现自己还在原地。

跳　槽

由于各种原因，也许现在的职位已经无法满足你的需要。也许是你不能获得所需的技术或经验，也许是明知自己理应获得升迁，却屡屡受挫，也许你已经遇上了“职业高原”。你的发展前景很有限，你感到不安和无聊。如果遇到下列情况就可以考虑离开了：

⊙没有前进的机会。

⊙ 学不到新东西。

⊙ 工作成为负担而不是乐趣。

⊙ 你在工作中感到停滞不前。

⊙ 你申请加薪、升职或者平行调动，但被拒绝。

⊙ 你已经拿到最高的薪水，没有其他职位能吸引你。

⊙ 因为有人想遏制你，你的职业生涯受到阻碍。

⊙ 公司将要缩小规模，你所在部门或职位可能被裁去。

先调查再跳槽！真正换工作以前，应当先作长远考虑。互联网的发展能让你的整个职业发展更加容易。你可以查阅所在行业的就业机会，上传简历，供其他公司查看。

即便你对当前的工作感到满意，也不妨去找找看。别担心，大多数网站允许设置简历准入，因此现在的老板看不到你的简历，也不会怀疑你的忠诚。

如果决定换工作，应当让自己相信跳槽并非耻辱。现在不忠诚常常比忠诚得到更多回报，而且现在就业都是双向选择，忠诚已非必须的品质。

更新简历

随时随地关注自己的市场行情。你可以从一些网站中了解行业的整体情况、职位要求。无论何时你参加了一项专门培训、完成一门课程等，记住及时更新自己的简历。

你的简历要最大限度地反映出你的知识水平和能力，反映出能让你在人才市场中脱颖而出的特质，还要列出你掌握的计算机技术和外语水平。这些越来越成为企业最看重的能力。

下面是一些应当具备的主要能力，一定要反映在你的简历中：

⊙ 计划、组织、安排能力

⊙口头和书面表达能力

⊙决策力和领导力

⊙创新思想、解决问题、排解冲突的能力

⊙团队合作精神

⊙优良品质和高尚情操

能反映你能力和成就的文件，应当写进简历，如：

⊙推荐信

⊙策划或参与过的成功项目

⊙公司表彰

⊙业绩回顾

⊙发表的文章

⊙参加培训获得的证书

⊙成绩单

⊙过去工作中取得的成果

⊙任何能够证明你的成就的东西

⊙任何能代表别人对你肯定的东西

所有这些都有助于你获得一份你满意的工作。

人际关系网

良好的人际关系网对一个的成功变得越来越重要，这已成为一个公认的事实。关系网常常把一些人吓住，但是如果你有很好的沟通技能以及对自身成就和目标的清晰认识，这一工具能带领你走向更大的成功。

成功的企业家和职业经理一般都注重培育良好的人际关系网，即人脉。他们知道关系网能加速一个人的职业发展或商业发展，发现新机遇，带来新思想。

在建立人际关系网上，他们的嗅觉也非常灵敏：

⊙ 他们乐意与在电视上或网络上看到的、自己崇拜的人接触。

⊙ 他们热衷与本行业中的积极分子有联系。

⊙ 当接近那些拥有重要资源的人时，他们能立刻产生与其建立关系的意识。

⊙ 他们经常和别人一起吃饭、K歌、从事体育运动等，只为能认识更多的人。

如果你想成为人际关系中的高手，下面这些提示会对你有所帮助：

⊙ 永远带上你的商务名片，甚至关于你当前成就的一些资料和信息。

⊙ 在计算机、便签本或任何其他便于整理的手册上建立一个关系系统，每当结交新人，或者与他人联系过后，记得更新你的记录。

⊙ 要认识到你要得到多少，就得付出多少。因此，得到之后要记得付出。

⊙ 别指望从刚刚认识或者失去联系的人那里得到帮助。关系的建立需要一段时间，虽然偶尔有捷径，但不能指望这些。

⊙ 用自己的方式保持联系。打个电话、发封电子邮件、发个贺卡或者发条短信，至少每个季度要联系一次。

拓展视野

主动寻求拓展视野的机会。在时间安排允许的时候，主动参加与自己工作有关的重要会议和项目，无需等待别人邀请。通过承担更多责任不断寻找拓宽视野的机会。别等到别人问你，不断探索提高工作效率的方法。下面列出了其他一些主动将自己的职业生涯纳入上升轨道的方法：

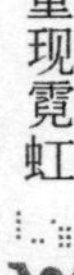

⊙ 参加本行业的专业性组织，如行业协会。

⊙ 找一位职业咨询师，帮你制定职业规划。

⊙ 参加大学校友会，结识更多的人。

⊙ 参加与你职业有关的志愿者服务，从中积累经验，学习知识。

⊙ 聆听他人对你的表现的反馈，不仅从你的现任主管，而且从同行、新员工、旧主管那里取得。

⊙ 登陆网站，浏览对你的职业生涯和你的企业有帮助的信息。将这类网站设为书签，经常访问。

智者忠告

◎ 不断问自己：在你的职业生涯中，你想做什么、想达到怎样的位置？

◎ 不断寻求反馈。别害怕别人对你的工作表现作出的负面评价，因为从长期看这将对你有帮助。

◎ 即便你对目前的工作感到满意，也要不断前进和探索。

◎ 人际关系网的建立不是一朝一夕之功，需要你主动寻找和创造机会。

◎ 人际关系网能加速一个人的事业发展，揭示新机会、带来各种新思想。

第十六章

新时代的职业发展

本章亮点

做好电子时代的职业规划

升级你的技术，提高你的竞争力

新的学习途径：继续教育和远程学习

活到老，学到老

曾几何时，只要掌握一门技术就能高枕无忧地度过整个工作生涯了。今天，再没有哪个职业、哪个人有这样的好运。无论你从事哪个行业，处于什么位置，你必须不断学习新技术才能达到你想要的位置，或者仅仅是保住当前的位置。

升级你的技术

在今天这个电子时代，随着科学技术的进步，行业竞争的加剧，客户需求的变化，每个人都必须不断发展自己的技能，才能在职场中立于不败之地。你需要掌握的技能类型取决于你的职业环

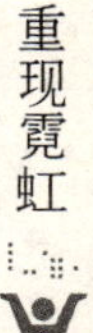

境，以及近期和远期的职业目标。幸运的是，今天有各种技术培训方式，一定有适合你的职业发展需要的。

一、在职培训

从第一次有人向另一个人汇报工作时起，在职培训就出现了。在职培训意味着通过正规或非正规方式在日常工作中得到的训练。培训可能来自同事、老板、公司创办的培训部和讨论会，或者其他辅导形式。

二、工作见习

见习是通过直接观察他人工作学习某一职业的工作流程或方法。典型的情况是，你花几个小时与某个你感兴趣的职位上的人一同工作。通过见习，你会对该职位的要求有一个直接的认识和理解，而这些仅仅通过阅读是无法获得的。

一旦被批准，你就能在企业内部开展见习。这是一个极好的学习机会，你一定要好好把握这样的机会。

三、正规学习与非正规学习

非正规学习，正如前面讨论的几种方法，一般依据特定需要设计，与你的工作内容更为直接相关。而下面将要讨论的正规学习却不一定为每个人度身定做。例如，让别人向你演示如何在一份文件中剪贴信息是需要导向型的学习，而Word软件课程则属于正规训练。

正规学习往往有固定的时间表，因而有时你不能得到自己急需的信息；非正规学习自主性更强——你更能控制学到你需要的知识或技能。

继续教育

许多正规学习机会能帮助你提高和拓展自身技能。比如参加大学普及教育、职业培训以及远程教育（见接下来的“远程学习”部分）。

一些大学下面的学院会举办一些夜晚或周末上课的课程，这类课程一般不会持续很长时间。有些大学不仅普及教育课程，还会颁发结业或资格证书。

远程学习

过去，远程学习就是指函授学校。你付了钱，然后会收到辅导书和学习资料。根据预先确定的时间表完成作业，用邮件的形式交作业。一些远程教育课程能培养某种非常实用的技能，比如修理电脑和电视机。

今天，随着互联网和卫星传输的出现，远程学习又增加了一个全新的维度。一些大学已经开发出各类科目课程并将之放到网站上，供人们购买学习。

远程学习在年纪较大的学生中很受欢迎。例如，在家带孩子的母亲可以有机会一边带孩子一边上课；日程安排紧张的在职人员可以在休息时间参加学习；行动不便的学生、老年学生或者因为其他原因不便离开家的学生如今都有接受高等教育的机会，而这在过去是不可能的。

虽然远程教育有多种形式，但电视课程、互动课程和在线课程是其中最常见的三种。

⊙ **电视课程：学生通过有线电视或录像收看一系列讲座。**

⊙ **互动课程：**也叫电视会议，学生集中在一间教室或会议室里，通过闭路电视收看实时授课。

⊙ **在线课程：**学生直接从互联网下载课程、学习课程材料。学生还可以通过电子邮件完成作业、提出问题，甚至预先约定时间在聊天室开展课堂讨论。

远程学习的不足在于学生上课时可能感到枯燥，许多学生都怀念在传统教室中上课时同学间的交流。如果你决定走这条路，一定要事先查清课程内容，看自己是否感兴趣，是否能坚持下去。

不断提高

记住，自己是唯一能陪伴你走完职业生涯的每一步的人！因此，你必须对自己负责，不断学习新知识，提高新技能，“活到老，学到老”。

无论你已经二十多、三十多、四十多岁或者更大年龄，无论你的职业志向是什么，从现在起到职业生涯结束，你还有许多技能需要掌握。你应当将新技术的不断发展看做不断出现的机会，从中你能不断重塑自我。

智者忠告

◎ 我们再也不能像祖辈、父辈们一样，守着一门手艺就能吃一辈子了。

◎ 在这个快速发展的电子时代，我们需要不断学习和掌握新技术，而这也意味着更多的重塑机会。

◎ 互联网的发展意味着远程和在线学习将在我们的职业发展中扮演越来越重要的角色。

◎ 将学习新技术看做不断出现的机会，而非负担。

第十七章

写作改变职业和人生

本章亮点

写作可以改变的你的职业和人生

写作比你想象的简单

发表文章的途径和意义

人人都能成为作家

我的故事

写作能改变你的人生，我就是一个例子。许多年前，当我还是一家小公司的职员时，在一个不太忙的星期，我问老板这段时间我能为公司做点什么。他建议我写篇文章，这种事对我这个作文很差的学生来说是想都没想过的。

我开始构思，在几次失败的开头后，我为自己的处女作找到了一种简单的形式。文章题目是“小企业生存的十条建议”。这样做很简单，我已经想出十条不同的建议，每一条都能带出一两段文字，然后再加上开头和结尾段落，整篇文章就完成了。

这篇文章写起来很容易。后来我发现，当你在文章题目中加上数字时，比如更好地完成某事的“八种方法”，那你写起来会不那

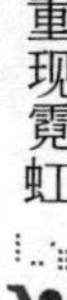

么费劲，即便最后你只想到六种。

我将我的手稿（那时还没有电子邮件）寄给一家出版社，5个月后出版社通知我不予采用。于是我又寄给一家杂志社，4个月后依然没有任何回音。

忽然有一天，没有任何事先联系，我收到一份包裹，厚厚的。我打开，发现自己的文章已经刊登在最近一期的那家杂志上了。虽然它是这期杂志的最后一篇文章，但我并不在意。插图和装帧都很精美，文章看起来很吸引人。看到自己的文字成为铅字，我非常兴奋，我将那篇文章复印了近500份，分发给所有认识的人。

虽然杂志社没有付给我任何稿费，但是我从这件事中学到的东西却是无价的。在那之前，我一直认为只有作家才能把他们的文字印成铅字。几年后，我购买了便携式录音设备，我开始以这种方式记“录”文章，开始是每个月写一篇，一年后变成每周写一篇。

发表文章的意义

如果你喜欢写作，而且愿意将它作为重塑职业生涯的工具，那么你应当很好地利用这一爱好。在报纸和杂志上发表文章可以加速你的职业发展，并带来一种自豪感。一旦发表过几篇文章以后，你会被安置到一个更好的职位。具体说来，发表文章可以让你……

- ⊙ **被认为是一位专家。**发表文章证明你在该篇文章探讨的领域是一位专家。
- ⊙ **受到更广泛的认可。**如果你能专注于某个主题，很可能你会被该领域越来越多的杂志认可，从而提高你的知名度。
- ⊙ **给人留下深刻印象。**通过向客户、同事和同行提供自己发表过的文章复印件，你能给他们留下良好的印象。大多数人看到你的作品会很高兴，并留下深刻印象。

- **加快职业发展**。在你申请一份新工作或者谋求升职时，你可以将文章复印件附在简历后面。
- **带来演讲邀请**。一篇文章可能给你带来一次在特定人群面前演讲的机会。
- **增加个人和组织的知名度**。写作文章时记得在个人介绍中提到你所在的组织。如果情况允许，可以在文中提到所在公司的名称。

在企业内刊发表文章

企业内部的刊物、网站或其他出版物，还有本行业内部的出版物，都是发表文章最好最方便的途径。一般内刊的出版由人事部门或者人力资源部负责，至少他们会知道谁负责这件事。

当你能够为企业内部的刊物或者网站撰写文章时，你的知名度会立刻大增！也许你还能因此获得与高管面谈的机会。

你所在的企业是否需要制作某种刊物、培训教材、广告或年鉴？也许你能帮助撰写文章，或者参与制作过程。

随着你对企业的了解不断增加，你可以不断找到新的思路，将自己的工作写成文章，并与整个企业的工作联系起来。从哪里能找到关于企业运行的线索？下面是一些素材来源：

- 财务报告
- 季度报告
- 年度报告
- 企业文献，传单
- 企业产品和服务说明
- 总裁训词
- 备忘录
- 财务分析报告
- 行业网站
- 搜索引擎

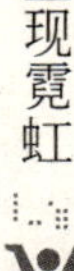

专业杂志

如果你有很好的写作技巧，能写出一篇文笔出色的文章，那么你还可以直接向本行业的主要杂志和刊物——专业期刊——投稿。寻找专业杂志很容易，你的老板或者企业高层很可能会订阅这些杂志。如果去图书馆查阅一下杂志目录或上网搜一下，你将知道更多这类杂志目录。

在向某家杂志社投稿之前，必须先了解该杂志的编辑方针。

编辑方针定义了杂志社的出版范围、内容要求以及目标读者。对于每一个目标刊物，你还应注意以下几点：

- ⊙ **刊头。**该刊物的出版者、编辑是谁？谁负责广告？谁负责发行？刊物的出版频率？刊物定位？刊物是否从属于某个协会或组织？刊头能提供所有这些问题的答案。
- ⊙ **目录。**刊登哪种类型的文章？每一期有什么固定主题吗？文章长度要求？文章写作风格要求？
- ⊙ **文章。**文章是什么人写的？作者署名是怎样的？文章是否配有插图、表格或其他辅助内容？

进入战略

在发表文章以前，你可能觉得这件事是自己无法控制的。一旦发表之后，你会认识到其实你可以一次又一次做到。学会利用金字塔法从易到难，逐步推进。在一份企业内刊中发表文章比在全国性主要杂志上发表文章要容易得多。

已经发表过文章——无论在什么刊物上——能使编辑对你好感

大增，使再次发表变得容易得多。当你发表过几篇文章以后，你将开始受益于光环效应！

每当你完成一篇文章并获得发表，至少复印20份，以供后面20次投稿时使用。假定你有很好的写作水平，题材也不过时，平均下来，每寄出20～30份手稿，最终总有一份能得到录用。注意我说的是“寄出手稿”——在你还不认识编辑以前，发电子邮件很可能无效，因为编辑们每天都会收到潮水般的来自陌生人的电子邮件，但他们更乐意阅读传统手稿。

人们写作面临的最大障碍是自身的忧虑，担心写的东西无关紧要，不受欢迎。这种担心都是毫无必要的。如果你已经完成了应做的功课，你就能写出漂亮的、受人欢迎的文章。

选择一个主题

最好的文章素材来自你已经成功完成的某项工作，同时这件事又恰恰是本行业的热点问题。检查你写过的每份东西——包括报告、论文、小结、指南，以及你为工作所做的准备，这些文件中有没有一篇能加以归纳，应用到更广范围的人群中去？下面这些关键战略能有助于形成文章主题：

⊙ **收集那些激励过你的文章**。每当阅读报纸或者杂志时，注意收集那些能打动你的文章。在开始剪报时，可能你还不知道会如何运用它。将所有剪报按主题归档。几个月后，重新阅读你的剪报本，你会发现这些剪报能催生许多文章创意。多年来，许多自由撰稿人都在运用了这一剪报技术。

⊙ **想想“如何”**。想出6种、8种，或者更多种能将某件事做得更好的方法。随着越来越多的人渴望DIY信息，“如何”类文章的市场很大。带有数字的文章标题，比如“取得成功的7

种方法”等之类的文章标题，是吸引读者的诱饵。

⊙ **列出你的苦恼**。列出自己工作中的苦恼，实际上这其中已经蕴含了文章的种子。如果某件事令你苦恼，无疑也会令他人苦恼。广泛征求意见，提供改进建议。如果能认识到自己面临的问题具有普遍性，你就找到了一篇好文章的素材。

⊙ **回忆难忘的事**。一位令人难忘的同事或老板，一段最喜欢的职业经历，一次刻骨铭心的失败尝试，或者其他难忘的事件，这些都蕴含着启示，而这些启示又适用于所有的人。

⊙ **关注潜在读者**。如果你能考虑一下谁会读你的文章，以及你的文章将对他们产生怎样的影响，这样写起来就会容易得多。如果需要，可以在大纲上面写出你的目标读者名称，例如“同龄人”、“项目职员”或者“年薪超过30万元的主管人员”。

让你的文章为你服务

已写的文章往往带有一些副产品，整理出来就成了另一篇文章，这是写文章的捷径。例如，在完成一家法律公司的咨询项目之后，我写了一篇题为《如何开展法律工作》的文章。这篇文章实质上也是按照“如何”类文章的套路来写的。

我将文章寄到一家法律杂志社，并被他们录用。一年多以后，我在整理文件时发现了这篇旧作。我渐渐明白只要花一点点时间和努力，我就能将它改写成另一篇：《如何成为一名好医生》。因为在过去一年里，通过和几位医生及牙医打交道，我已经熟悉他们的术语，足以完成这篇改写。

我将《如何开展法律工作》这篇文章改写了 14 次，涉及行业包括房地产经纪人、保险代理、会计、设计艺术家、心理咨询师等等。

集中精力去写那些能够为你带来副产品的文章和题材，你将事半功倍，发表的文章数量也将成倍增加。同时，你还会发现自己开始引人注目、职业不断发展，你的人生正在发生改变！

智者忠告

◎ *写作可以让你迅速获得知名度，从而改变你的职业和人生。*

◎ *向某个刊物投稿前，先了解其编辑方针。*

◎ *写作并没有你想象的那么困难，只要你掌握了一些方法和技巧。*

◎ *学会举一反三的写作方法，你会得到事半功倍的效率。*

第十八章

领导素质

本章亮点

领导的艺术：以德服人和授权于人

保持触角敏锐——察言观色的阅人术

犯错时保持风度，展现领导责质

从社会生活中汲取领导智慧

领导力是企业的生命线

艺术家、发明家、厨师和孤独的看山人或许不需要领导他人就能达到职业的顶峰。但是对于其他行业的人来说，成功或多或少建立在领导能力的基础上。神奇的是，领导他人的行为本身也是一个转型和重塑的过程。幸运的是，领导艺术可以通过学习获得。

本章中，我们将关注在工作中、生活中以及其他地方，构成有效的领导要素有哪些。最好的学习方法是将领导者作为一个人来关注，将领导行为作为其内在的转移。虽然优秀的领导品质和艺术来之不易，但是通过努力和学习完全可以获得。好的领导应当具备很多素质和能力，其中德行和识人用人是关键的两点，我们就从这两点谈起。

德行

在一家大医院的手术室里，一位年轻的护士第一次全面负责工作。“医生，您取出了11个棉球，”她对主治医生说，“但我们用了12个。”

“我已经全部取出来了，”医生宣布，“现在我们来缝合伤口。”

“不，”护士反对，“我们用了12个。”

“我会负责的，”医生冷冷地说，“缝合！”

“你不能这样做！”护士喊道，“为病人想想！”

医生微笑了，抬起脚，让护士看到地上的第12个棉球。“干得好。”他说。他刚刚是在测试她——而她通过了。

这个故事是多年前我听一个朋友讲的，它显示了德行和职业道德的关键：立场坚定，敢于捍卫自己的信念。德行是事业与人生成功的关键因素，也是优秀领导者的标志。

那么，什么是德行？

我们看到一些行为时会知道这就是德行，但要具体定义却相当困难。你是不是必须告诉消费者你们在产品中使用了添加剂，即便这种物质对消费者绝对没有任何损害？

奇怪的是，如果听到竞争对手的道德行为，我们往往半信半疑，认为他们从来不会做好事。矛盾的是，对于缺德的人我们会不假思索地加以指责，那一刻完全忽略或者遗忘了自己有时也会失检。

那些严格遵守道德准则的人明白一些值得我们学习的道理——有些企业把德行看做一种牺牲、斗争和无利的决策，但事实上它能让企业的经营更加容易、愉悦和强劲。比如我们崇拜的领导人物，往往是具有强烈道德感的人。他们为我们树立了榜样。

在今天这个物欲横流的社会中，我们身边的道德榜样越来越少。生活的压力、对眼前利益的关注，使人们的道德感一再降低。每一年，我们都要做出几百个决定，其中很多会涉及道德问题。领导者必须选择站在道德的一边。

当面临重大决定时，如果领导者选择放弃道德，也许会给企业带来一时的利益，但是从长期来看，这将成为企业走向衰落的根源。同样，当你不断看到企业中某位领导的德行时，你会越来越忠诚地追随他或她。

阅读他人

无论这个世界变得多么高科技，做生意的是人，生产产品的是人，提供服务的也是人。世界上没有哪台电脑、哪个网站或哪项技术能够让一家公司成功运作——而人可以。“我相信人，”一家软件公司领导人这样说，“这家公司就是人。”

一家中西部制造公司的CEO花很多时间与下属和客户建立私人关系。他很关心公司和客户，希望员工们也如他一般关心。

领导者应当学会“阅读”他人，并认识到察颜观色的重要意义。通过“积极的观察”，每个人都能学会阅读他人。一旦读懂了他人，就能更好地一同工作。

“积极的观察”，这一短语要求尽可能地与他人面对面地工作，因为你所观察到的比你听到或读到的更加重要。当两个人会谈时，积极的观察要求一个人认真倾听谈话内容，同时观察身体语言传达的信号。

积极的观察好比通过摄影机镜头来看一张大图画，同时摄入所有有助于解读图画的内容。积极的观察可不是迅速评估，而是一个认真的学习过程，需要花上一段时间。

借助积极的观察，领导者能避免用不变的态度对待每一个人，

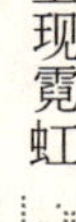

或者让多变的人性阻碍自己作出正确的判断。积极的观察每一个人，识别每个人的行为类型，共事起来会更加容易成功。

授权的艺术

授权他人意味着赋予他人决策权。通过调查研究，我发现许多组织的领导人早晨醒来就对自己要做的事思路清晰，并能以简单易懂的方式传达给其他人。

我相信大多数领导人都想大有作为，他们清楚自己是谁，想为这个世界，为他们的组织、员工做点什么，许多人自身有一种深沉的愿望，就是在离开人世以前有所作为，为社会留下一点东西。

如果你对自己的目标已经有了清楚的认识，那么不妨撰写一篇目标宣言，以便自己时时回顾与更新。

当你能够清楚地对自己说出自身使命和行动计划，那你将更容易在工作中将其传达给其他人、并授权他人。

一位食品制造行业的CEO说，通过授权他人，整个团队变成了自己的延伸。在另一家生产电器的公司，管理层开始赋予直接与客户打交道的员工更多自主权。总的说来，由于近来对客户服务越来越关注，越来越多的公司开始权责下移，赋予与客户面对面打交道的一线员工更多自主决定的权力。

保持触角敏锐

一位成功的领导者应当能够及时发觉组织内部和市场上（或者外部环境）发生的情况。为了培养这种感知技巧，你必须和别人交淡，阅读财经类报纸和日报，仔细阅读行业网站，与同行紧密联系，参与商业圆桌会议，保持触角敏锐。

假设你正领导一家软件开发公司，向全国范围的连锁超市推销联网结帐系统。你需要阅读目标客户们阅读的零售业刊物，了解那个行业以及客户的问题和需要。

犯错时保持风度

即便在最不利的环境里，真正的领导者也会尽力而为，从负面因素中寻找好的方面，保持一定的风度。

如果你的生意失败了，或者被解雇，坦诚地寻找其背后的原因，以及下次遇到相同情况时怎样做才会更好。如果是因为自己犯了错误，那就从错误中吸取教训。坦白承认错误，并确保不会重犯这样的错误。

假设你得知一笔重要生意失败了，而且主要责任恰恰在你，那么应该坦率地承认自己的失策，并承担主要责任。

如果你害怕说出“我错了”或者“我做得不对”，很可能你还不敢承担身为领导的风险。人们记住的将不是生意的失败，而是你逃避责任的形象。

展现领导责质

你不需要等到别人正式任命你为领导。在社区中也可以展现自己的领导才能。你可以志愿加入社区管理委员会，或者在血源短缺时出面号召大家献血。无论你在哪里工作和生活，总能找到机会展现自己的领导素质。

在公司里，鼓励大家开展健身运动，每天早晨带头绕停车场慢

跑。开始一项实习计划，并以特别的晚餐或者表彰仪式来奖励指导实习的人员。只要你想，随时能展现自己的领导素质。

结交胜者

领导者能够识别自己想要认识的人，并找到认识这些人的方法。自问在你的工作或生活中谁最有能力帮助你达到目标，然后制订计划结识他们。这些人可能是企业高管，比如董事长或公司总裁，也可能只是一线销售人员。头衔并不重要，重要的是这些人有能力影响影响你的未来。

广泛交友

一味专注的追求目标可能导致目光的狭隘。人生还有其他乐趣、爱好和创意。生意上越成功，越需要了解其他领域。最好的领导者会与不同行业、不同阶层的人都有交往。

小事上应迅速决策

你的职位越高，越需要迅速作出决策。你必须学会迅速确定那些不太重要的问题，然后交给别人去执行，这样你才能把注意力投向更大的问题，把难题向后拖延只会增加其复杂程度。如果因为遇到小小的挑战或难题就搁置问题，那么因为你的忽视，挑战只会越来越大，直到变得无法驾驭（见第五章“战胜惰性”）。记住，一旦你越过障碍，会发现它原来没有你想象得那么高。一旦你花时间制订出行动计划，那些大型项目就显得容易对付得多了。

领导与人生

无论是在哪种性质的公司，领导能力对职业生涯的成功都有重大意义。美国的汤姆·兰德尔只有高中文化，最初只是个泥水匠，但是经过自学，他获得了组织行为学、社会心理学的博士同等学位，以及MBA学位。现在，作为兰德尔公司总裁，他已经成为拥有超前思维的企业家式领导者的缩影。

从1975年到1998年，他开始打造自己的团队。公司从145个员工起步，如今已成为美国西南部建筑行业最大的公司，雇佣970名员工。

汤姆的建筑作品随处可见，宾馆、购物中心、大型广场、学校，项目总数达到几百个。汤姆的成功德益于他的领导能力。

汤姆的领导方法鼓舞人心，却是根植于常识和商业实践。这里有一些关于他领导艺术的见解和原则：

- ⊙ 无论比赛中跑在第一名还是最后一名，你都必须尽力而为。
- ⊙ 经常为他人考虑。
- ⊙ 我们的员工就是我们的财富，所以人力资源开发是我们最重要的活动。
- ⊙ 丰厚的工资和奖金只代表有效补偿系统的一小部分。
- ⊙ 出色的领导者能以身作则，平易近人。
- ⊙ 价值观认同比控制更有影响力。

领导和MBA

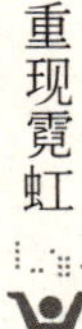

如果你想成为商界领导者，是否需要读MBA？今天有许多开创

事业的方法，MBA并非必不可少的，甚至读不读大学也不再重要。不过，在企业中，一个人可能因为拥有MBA学位而获得更好的机会。现在越来越多的人开始参加重点大学的MBA招生考试。

MBA热并非昙花一现，事实上，每年都有更多的人参加MBA考试，希望考上排名靠前的学校。录取分数和学费的逐年升高也反映了这种竞争的激烈程度。

对于大学生和刚刚积累几年工作经验的人来说，MBA是更快打开成功大门的钥匙，是通向财富的钥匙。许多人都认为MBA在就业和薪酬上很有优势。

自身领导素质

那么，你自身是否具备领导素质呢？

我们从成功的领导所具备的大量特征和能力中挑选了一些主要因素进行考察，包括如何识别和留意有才能的职员，如何授权于人，培养感知技巧，广泛交友，以及犯错时保持自己的风度。

即便你不是领导，也可以展现自己的领导才能，在组织内部倡导创新，对质量问题永不妥协，找到战略焦点，保持自我形象，与胜者交流，不断分析自己的形势，在小事上迅速作出决策，恰当指派任务。这些都是领导素质的体现。

如果你相信自己注定会成为这个领域的领导者，你现在有许多事可以做。第一步就是从现在开始培养你的领导素质。

智者忠告

◎ 每个人都能够成为领导者，只要你掌握了成为领导的素质和技巧。

◎ 作为领导要勇于承担责任，承认自己的错误。

◎ 你在职业上越成功，你越需要了解其他领域。最好的领导者与各行各业的人都有交往。

◎ 取得 MBA 学位是件有意义的事，因为它能增加你跻身商界顶层的机会。

第十九章

演讲者即领导者

本章亮点

人人都能成为出色的演说家

培养语言能力的策略和技巧

克服紧张才能公开演讲

如何成为令人难忘的演讲者

"公开演说是很多人最大的恐惧。"这句话在20世纪非常流行，但是，这其实是完全没有道理的。据最近的一项调查显示，在1000个选项中，最令人恐惧的是"蛇"，接下来是：

⊙ 被活埋

⊙ 高

⊙ 被绑起来

⊙ 溺水

公开演说只是一种社会恐惧。我可以列出很多事情，你会觉得比公开演讲更可怕，比如让你驾驶一辆没有刹车的汽车沿着山路往下开，在两幢 25 层高的楼房之间走钢丝，或者摇摇晃晃地走进挖煤矿井。如果你对在别人面前发表演说感到不自在，但又想成为一个出色的演讲者，那么别灰心——这里有许多方法能让你成为一名出色的演讲家。

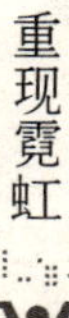

任何人都能成为出色的演说家，任何人都能表现得比想象的更好。让我们来看看成为一个优秀的演讲者需要哪些素质，如何在别人面前有效地运用你掌握的演讲技能，在性格上和专业上应做哪些准备。这样你就能随时随地清楚地表达自己的观点，并通过运用这些演讲技巧成为领导者。

培养语言能力

词汇量大常常预示着职业成功乃至人生成功。那些词汇量大的人有能力以更富创造性的方式表达自己。而且，人们对词汇量大的人印象深刻，而不会记住口齿不清的人。（有关增加词汇量的更多信息参见第八章“锻炼心智”）

如果你并不想用大量词汇显示你的渊博或者把别人唬住，也完全可以使用与自身教育水平相当的口语技巧去展示自己的才智，尤其是在这样一个时代中——大多数人迷恋于低俗文化，无休无止地观看自嘲而弱智的连续剧、相亲和选秀节目。

掌握丰富的词汇量、准确使用成语，这与讲话平实并不矛盾。美国第三十三任总统杜鲁门被公认为是讲话平实的大师。那些听过他讲话的人一下子就能明白他要说什么，从来不会产生误解。

在这个官话、套话越来越肆无忌惮横行的时代，人们开始怀念平实的说话风格。杜鲁门讲话时简单直白的风格，和今天那些不断切换话题的领导人形成鲜明对比。虽然杜鲁门说话平实，但他有丰富的词汇量和良好的语言能力。

那么如何提高自己的讲话能力呢？

和自我重塑的其他许多方法一样，提高讲话能力也有许多选择。各种各样的光盘和在线资源都能帮助你扩大词汇量、练习措辞，并学会说服的技巧。许多书店都有专门的有声读物区，在那里你能找到许多培养口才方面的书籍。

同样，公共图书馆也有视听室，那里堆满了如何提高演说技巧的教材。许多图书馆的儿童读物部分都有故事光盘。借一两套这样的材料，学习光盘中的演说者是如何做到措辞恰当和表达清晰的。

利用日常谈话也是提高讲话能力的技巧之一。

谈话是生活的舞台之一，在这个舞台上，模仿能创造奇迹。抓住一切与不同人交流的机会，将日常交谈作为提高交流技巧的机会。

如果你觉得发起或维持交谈很困难，那你可以事先准备一份可选话题，到时候引入谈话中使谈话继续。可以尝试下面这些例子：

⊙ 你老家是哪里的？

⊙ 你为什么从事现在的工作？

⊙ 你之前是做什么的？

⊙ 你参加过什么组织？

⊙ 你的长期职业规划是什么？

⊙ 最令你骄傲的成就是什么？

⊙ 你所在行业当前面临的最重要的两个问题是什么？

⊙ 你对什么话题最感兴趣？

公开演讲必备素质

如果你想运用自己的讲话能力当上领导，你需要学会在公众面前演讲。这意味着面向更多听众作更为正式的表达。

公开演讲并不像你想象的那么可怕。你可以事先准备一份大纲或提要，以下是公开演讲必备的素质。

一、明确你的观点

准备演讲的第一步是明确自己的演讲要向听众传达什么。试

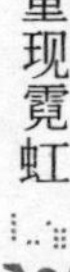

着用一句话概括你想表达的观点，然后抓住两到三个点，作深入阐述，引用事例和趣闻会让听众对你的话题更感兴趣。

有力的开头对抓住听众注意力很重要。如果数据能证明你的观点，那就运用数据。但要小心，如果出现太多数据，会让听众失去兴趣。

演讲的主体要尽量做到有说服力、有吸引力，并有深刻见解。这时是最容易失去听众时候，有人点头，有人走神，有些人可能茫然地盯着你看。我一直抱有这样的态度：听众并没有责任对我讲的东西感兴趣，但我有责任抓住他们的兴趣！

演讲的结尾同样重要，结尾应当充满激情，用一个有力的事例或趣闻总结你讲过的观点。

二、熟能生巧

将提纲写在卡片上，或者使用其他让自己觉得舒适的方法练习演讲。每一次练习，你的演讲都会不一样。别担心，面对不同的听众演讲也会不同。

如果你使用了一个较冷僻的词或技术名词，听众有可能会听不懂，那么换种通俗的说法或者用一句话解释一下这个词，但千万不要显示出卖弄炫耀的神情。

一旦你真正投入对外部群体的演讲中去，无论是早餐时、午宴时、下班后或者周末，你会发现自己提高得很快。在第三或第四次演讲时，你会觉得自在多了。

三、克服紧张情绪

虽然所有的演讲者在演讲开始前总有点紧张，但当你经过几周或几个月的演讲训练后，就能克服这种紧张情绪。为了确保演讲时自己处在最佳状态，记住下面这些关于演讲前、演讲中和演讲后的提示。

之前

⊙记住你过去生命中的每一天，都已为这次演讲进行了准备和铺垫。换句话说，你完全胜任这次演讲。

⊙考虑听众的目的。他们究竟为何而来？

⊙根据环境调节自我。如果你的听众已经度过了一个漫长而可怕的上午，可能你需要表现得更加欢快一些。

⊙永远不要靠在讲台上，如果可能的话，根本不要碰到它，想象它比火炉还要炙人。否则你会精力涣散，减少对观众的说服力。

⊙在你即将演讲的屋子里走几圈，特别是讲台或舞台，让自己感到舒适。

⊙走向讲台时，注意自己的身体语言，自信、微笑和自然的眼神交流。

⊙要求主持人逐字念出对你的介绍，不要增加什么评论，也不要漏掉什么话，不然你可能听到自己不愿意听到的评论，或者更坏的是，他漏掉了与你的开场白相连的话。

⊙在主持人介绍完毕后立即上台。如果在主持人介绍与发表演讲之间插入什么通知，会浪费许多精力。

⊙掐算好时间，这样，在主持人说完最后一句话的时刻，你已经做好准备，并且离她或他恰好四步路的距离。

之中

⊙以微笑开始。如果笑不出来，不妨回忆一件有趣的事，让笑容绽放在你脸上。

⊙运用有力的开头，尽可能引起听众的兴趣。你的第一句话，就像第一印象一样，比后面的话分量更重。

⊙至多包含两到三个主要观点。

⊙同时运用感情和逻辑，但主要是感情。

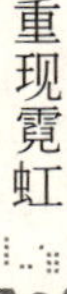

⊙ 让自己处于最有影响力的状态，用最好的姿势站直身体。记住，听众对倾听的兴趣不大，而对互动更有兴趣。

之后

⊙ 回答问题时可以简单地说："第一个问题。"

⊙ 重复听众的提问有两大作用：一、确保每个人都听到问题；二、给自己更多时间组织答案。

⊙ 真诚感谢听众的参与。

⊙ 提出愿意停留更长时间，回答更多问题。这对你自己的好处比对任何人都大。

⊙ 用半分钟或更短的时间简洁地结束讲话。你甚至可以用这样的话"总之……"、"简而言之……"等。

⊙ 最后一个观点和最后一句话越出色，你赢得的掌声也会越多。

⊙ 让人们在离开时有良好的自我感觉。

成为令人难忘的演讲者

我曾经应邀去一个名叫"四十加"的组织发表演讲。当时我才三十岁出头，而讲厅里的其他人都有四十多岁。这个组织的目的是为了给四十多岁、正在努力寻找新工作或离开职场多年后重新就业的人提供帮助。

我前面发言的那个人是"四十加"的一名成员，他讲述自己如何获得向往的职业。他来自山东，个子不高，虽然穿着考究，但似乎不大合身——总之他其貌不扬。

当他站在大家面前，他带着真挚的感情开始讲述自己失业时的处境、寻找新职位的艰辛，以及如何得到"四十加"组织的帮助。演讲的过程中，他的感情完全反映了他在求职过程中的真实感受，一切仿佛自然流露。他的身体姿势、语音语调、面部表情都告诉人们，他不仅仅在复述自己的故事，他是在重新经历自己的过去！

刚开始他感到绝望，后来，他坚定了信念，重新燃起希望。就在我们眼前，他从一个为职业前途忧心忡忡的人，彻底转变成现在这个有勇气接纳整个世界的人。虽然他只讲了几分钟，但是每个人都被他丰富的感情所打动。这个人是鼓舞人心的！

虽然他的话语中带着很浓的地方口音，不少词说得让人很费解，但是他将这样的信息传达给房间里的每个人：别放弃希望；不断尝试；你会在隧道的尽头看到光明。他的讲话结束时，房间里爆发出雷鸣般的掌声。

他的演讲之所以成功，是因为他加入了充沛的感情，用感情去感染现场的每一个人，而不是以逻辑取胜。

在演讲中，单纯使用逻辑会显得冷冰冰。吉米·卡特是美国最有才智的总统之一，他经常对问题进行详细分析，当他打算向国会或者美国人民发表演说时，往往准备充分。他会小心翼翼地列出事实和数据，运用数学或逻辑的技巧来阐明问题。也许一些知识水平较高的人能对这种讲话作出反应，但是大多数人却不能。

演讲从本质上说应当心为脑先。如果你无法吸引听众的心，你就不可能到达他们的大脑，也就不可能被他们记住。

卡特的继任者是罗纳德·里根——一个好莱坞的二线演员。他看起来完全不能胜任。但是，每次演讲时，他都坦率地看着镜头，流露出坚定和自信。无论你是否在演讲现场，你都能感觉他在对你讲话。

里根像父亲、兄弟、老板或者朋友一般和你一对一地交谈。他会使用各种小小的动作、道具、表情等等微妙的工具。里根不卖弄技巧，也不夸大其辞。他付出的感情刚好能吸引你的注意，然后用自信支撑他的观点。这时即使你与他政见不同，你也不得不喜欢作为演讲者的里根。

随着时间流逝，在与美国历史上其他总统的比较中，罗纳德·里根的地位越来越高。个性弱点、失态和对一些问题的处理不当，这些都渐渐让位，人们记住的是他演讲时的个人魅力。

有用的建议

通过改善讲话技巧重塑自我，在这条道路上，你可能会遇到各种各样的建议，人们向你推荐华丽的词汇、华丽的语言和华丽的修辞，忘掉它们吧。从我在“四十加”集会上看到的那位绅士和里根总统身上学点东西吧。记住：

- ⊙说话时要有感情，但也不能让感情压倒了你。你不需要任何东西阻碍你和听众的联系。
- ⊙说话时要充满自信，对自己的核心观点绝不能摇摆不定。即便听众有可能不同意你的观点，你也能赢得一些尊敬，而且更可能被记住。毕竟，如果你对一群人讲了半天，到头来没有一个记住你，这样的演讲有什么意义呢？

幸运的是，在工作和生活中你有许多机会成为一位令人难忘的演讲者，下次年终总结就是你的演讲机会。

智者忠告

◎ 公开演讲只是一种社会恐惧，有很多技巧可以帮你克服这种恐惧。

◎ 公开演讲前先准备一份提纲或大纲，它将变得非常容易。

◎ 要成为一名出色的演讲家必须具备三点素质：明确你的观点，经常练习、熟能生巧，克服紧张情绪。

◎ 要成为一个令人难忘的演讲者，你必须在感情层面触动听众，并满怀自信。

第二十章

休　假

本章亮点

休假也是重塑职业生涯的一种形式

休假之前的准备工作

放逐自我，享受生活

意外的休假——失业了，怎么办

将休假的快乐带入日常生活

休假也是重塑职业生涯的一种形式。那么休假意味着什么呢？

休假有多种定义。词典中将休假简单定义为“离开工作一段时间”，但又加上“常常用来休息、学习等”。

为什么要休假？

你工作的时间越长，可能越需要离开工作一段时间。

在你下定决心休假之前，你可能需要战胜一些障碍。常见的问题是没有足够的钱，要照看小孩，以及确保工作顺利衔接。让我们逐个来看这些障碍：

⊙ **“我没有那笔钱！”** 大多数休假都是不带薪的。你可以利用从现在起到休假之间的这段时间，计划好自己的财务安排。

实际上，休息时的日常开销没有工作时那么多。你能省下上下班交通费、午餐费等项目，一个星期加起来就是一笔不小的数目了。

⊙ **“孩子怎么办？”** 也许你的伴侣、父母或朋友能帮助你脱身一两个月。尽管离开孩子一个月在精神上很难做到，但最终这将丰富你们的经历，对你和孩子都有好处。等你回来时，你的孩子可能对你比过去更加亲密和尊敬。

⊙ **“我会不会在工作上落伍？”** 离开2个月，当你重新踏进办公室时，是否会落在别人后面？从许多方面来说，这2个月的离开能增加你的优势，因为你有了看待问题的新视角。只需半天时间，你就能迅速跟上公司的节奏和洞悉流行的八卦了。

选定休假日期

决定休假以后，选择一个确定的时间。模糊的日期永远不会到来。如果你不断推迟休假时间，你很可能根本不会休假了。

一旦最终决定休假，下列步骤能帮助你将它变成现实：

1. 选定日期后，标注在日历上，并告诉同事和家人。
2. 制订一个储蓄计划。
3. 制订休假计划。
4. 与老板谈论休假结束后的工作安排。
5. 当那一神奇的时刻渐渐临近时，向所有联系人发出提醒。
6. 安排工作交接。
7. 理顺其他事务，以及离开期间意外事件的处理方法。提前支付账单，确保信用卡不会透支等等。
8. 准备休假用品。
9. 进行一次彻底的健康检查，健康地离开。

10. 如果打算驾车旅行，把汽车送去彻底地调试一遍。

休假开始

你可以选择在家里休假，也可以选择出去。总之，让自己的身心得到彻底的放松。下面的提示可能对你有所帮助。

你应当：

⊙ 允许自己睡到自然醒。

⊙ 允许自己尝试新食物。

⊙ 每天摄入多种维生素。

⊙ 乐于接受新观点并作出反应。

⊙ 允许自己赖床、漫步或者什么事也不做。

⊙ 手边保留一支钢笔或者便携式录音机，随时捕捉灵感。

⊙ 让自己有机会静静地待着。

要避免：

⊙ 陷入这样的陷阱：努力让每天每刻都“有所收获”。

⊙ 松懈锻炼计划。

⊙ 情绪低落无法释怀。

⊙ 对你留下的工作和人感到内疚。

⊙ 后悔自己的休假计划。

意外的休假——失业

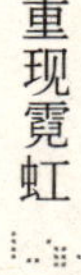

有时候你并没有休假的打算，它却自己找上门来。意外的失业

就是一个例子。与其对此耿耿于怀，为什么不用这段时间来好好休息一下，调整自己呢？

也许你一直想进行一次特别的旅行，但一直苦于没有时间。好了，现在给你时间了。当然，你不能忽视自己需要找到另一份工作这一事实，但是调整一下自己的状态并没有任何错。

你可以利用休假在全国或者某一地区旅行，寻找更多就业机会。

做什么，去哪里

关于在休假期间去哪里做什么，存在无数种可能性。这取决于你的个人兴趣和需要。你可以在网上和图书馆查找资料，设计完美的休假。下面是我的一些建议，仅供参考：

⊙ **访问圣地**。世界上有一些地方被奉为圣地，有许多故事讲述人们在访问圣地后如何遇到奇迹和奇事。这些圣地包括秦始皇陵、西藏布达拉宫、耶路撒冷、麦加和金字塔。人们朝圣的目的往往是为了获得灵感和启示，或者对生命的重新认识。

⊙ **在度假农场度过一段时间**。在市郊有一些专供度假的农场。你可以选择在农场生活一段时间，远离现代文明的喧嚣气氛。可以尝试农民的生活，愿意的话还可以学习放牛，忘却刚刚离开的快节奏的世界，享受舒缓、自然的农场生活。

⊙ **亲近大自然，参观主题公园**。例如，在国家森林公园度过一段时间，可以在湖中划船和钓鱼，还有专门的场地供露宿野营。

当然休假的方式还有很多。如果你对我的建议不感兴趣，还有许多更适合放松——精神上和身体上——的选择。你可以乘坐观光车游遍名胜，例如坐车深入酿酒之乡，亲临葡萄园，这种旅游富有教育意义和乐趣。

从事一种兴趣或爱好也是一种休假方式。也许你一直对某件事很有兴趣，例如园艺、书法或者绘画。可能你一直着迷于经典汽车。你可以在驾驶经典汽车的同时观光旅游。有些公路和线路因其不可匹敌的美景被视为经典。独自驾车旅行，你可以自己决定步伐节奏。

休假经历

下面是一些人的休假经历和感受，你可以从他们的经历中获得一些启示。

一、踏板的力量

宋岩在40岁时决定，有空时要骑车横穿中西部。很久以前她就是一个自行车的热爱者，渴望骑车旅行。后来，她获得1个月的休假时间，她实现了这个梦想，骑了整整两个星期。

“在开阔的道路上感觉好极了”，她说。

“只有我、自行车，和我能带的最轻便的装置和补给包。看到旅馆我就停下来住宿休息。经过两个星期的时间，我感觉自己的身体回到年轻时代的苗条身材，尽管我从没有真正发胖过。我的双腿弹性惊人。我的腰围缩小到2尺，身材变得更好了。

“你知道，当你骑车时——即便在日常工作时利用周末骑上几个小时——你会产生一些奇妙的想法。如果连续骑几个小时，你的思维会转得比车轮更快，走得更远。我开始思考下半辈子想做的所有事情，我想要的生活状态，以及我想营造的工作环境。”

二、重返校园

佳妮在高中教授英语刚满4年。她喜欢自己的工作，但渴望有机

会回到讲台的另一边。经过一番考虑，她决心前往另一个省攻读硕士学位。这对佳妮来说是一个重大决策，因为她读的大学离家只有几小时路程，现在的住处离父母家也仅有3公里。

“有一天我忽然意识到，现在是时候尝试一些不同的事了”她说，“我还没结婚，所以除了自己以外不必为任何人操心，而且我还从没出过远门。我现在的工作很愉快，但我想稍微中断一下。”

佳妮请了一年的假，学校为她保留这份工作。她打点行囊，搬到新学校附近的一个小公寓。

“这是我第一次一个人住，既没有家人也没有室友。这需要进行自我调整，但我已经开始喜欢这种生活。我可以更加专注于我的功课，也更能充分享受大学的学术生活。回来后我对事物有了全新的看法。我租了一间房子，参加了市里的一些学术团体。我真正感觉到休假后自己有更多东西能与学生分享，因为我已经更新了自我思想。”

她承认，如果不是这一年的休假让她有机会重新考虑选择教师职业的理由，她不知道自己还会做多久教师。

三、神圣的土地

刘杰一直对家族的流传迁徙史怀有特殊的兴趣。他利用业余时间为母亲的家族填写了详细的族谱。他一直对自己家族的血统兴趣浓厚，但是这方面的资料很难找。在另一位家族成员写作了一本关于其祖先源流的书以后，刘杰决心探寻他们的血统。他请了一个月的假，买了一部便携式摄像机，出发前往自己的祖籍原址，去探索祖辈留下的足迹。

刘杰游历了许多地方，参观了战争遗址和祖先的墓穴。他遇到了当地本族的其他后代。这些远房亲戚提供了一些关于家族的见解，为他的行程指点方向。

“亲身走在那块他们曾经走过的土地上，参观祖先的墓穴，感觉真的很神奇，”刘杰说，“我沿着家族先贤曾经走过的路线前进，还在当地图书馆找到了一些有关该家族的方志、族谱和文物，真不可思议。”

他用摄像机拍下了整个行程，还附有讲解，仿佛制作纪录片一般。

“这对我很重要，我希望这对我的子孙也同样重要，”他说，“有些东西二三十年后就找不到了。我只是觉得在它们仍在那里时需要做些记录。”

四、安静的、工作中的美嘉

美嘉，和许多女白领一样，一直想写一部伟大的小说。但是在繁重的工作压力下，她根本抽不出时间写作。当她从公司获得6个月的不带薪休假时，她很清楚自己要做什么。第一天，她期望立刻开始流畅的写作，但她发现自己不停地耽搁，做些削铅笔、喝水等琐事。

经过两天半的准备，她开始写了，文字倾泻到电脑屏幕上。她不担心时间问题，因为她知道自己有足够的时间完成作品。“当你知道自己第二天早晨不用爬回工作中去，这时你的创造力就源源不绝了，”她说，“只有我和我的文字，这就是我真正需要的全部。”

休假归来

重回工作或难或易，取决于休假的长度。如果你相信回到工作中会很难，很可能会令它更难。如果你能理解工作中有些东西可能变了，另一些则没有变，那你就更能拥抱这些变化，并加以恰当处理。

许多人认为经过休假，他们增长了见识，获得了心灵的平静，

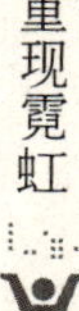

重返工作时，他们的工作效率将大大提高。通常人们在休假后会重新找到兴奋和冒险的感觉。

并非每个人都能成功地重返工作，有的人会患上假后综合症，迟迟找不到工作状态。如果回来后发现自己对工作的感受很消极，想想自己当初决定休假的目的是什么。同时，想想自己从休假中带回的见识可能已经改变了看待问题的视角。最后，问自己这个问题："我如何将休假的快乐带入日常生活中来？"

智者忠告

◎ 休假也是重塑职业生涯的一种形式，通过"离开工作一段时间"，重塑个人生活。

◎ 为了从休假中获得最大收益，你必须丢下所有事情。

◎ 休假有多种形式，你可以选择在家呆着，也可以选择出去旅游。总之，让自己感觉舒适。

◎ 休假能深刻地改变一个人的生活。

◎ 为了实现你的休假，现在就开始计划吧。

第六篇

重塑人际关系

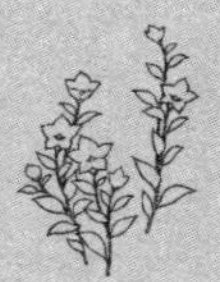

没有哪个人是一座孤岛。你对重塑的追求会涉及他人。“他人”可以是你的另一半、亲戚、邻居、朋友，或者其他任何伴你左右的人。

俗话说你无法改变他人，你只能改造自己。通过改造自我，可以改变你与别人之间关系的发展趋势，从而改变他人与你的关系。

好吧，让我们从第二十一章“改善与另一半的关系”开始重塑我们的人际关系。

第二十一章

改善与另一半的关系

本章亮点

婚姻的破裂大多源自沟通的不畅

婚姻的维系还需要爱情以外的其他东西

已所不欲勿施于妻（夫）

我们都需要上上婚姻课程

保持婚姻健康长久的方法

重塑你与另一半的关系，是一个持续的过程。根据一项调查，“沟通障碍”已成为现代人离婚的首要原因。

要与最亲密的家庭成员——伴侣——进行有效沟通，你需要让他或她明白你是站在他或她这一边的。换句话说，你在考虑问题时，多站在对方的角度想。

如果你深深沉浸在尔虞我诈争先恐后的职业世界里，回到家时脑子里还想着工作上的事，还在按工作节奏运转，那么伴侣和你沟通就会有困难。关于如何改善与另一半的关系可以参看本丛书系列中的《心有伊甸园》一书，你会得到更详尽的答案，这里只做简要阐述。

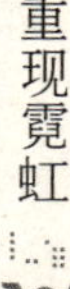

沟通障碍

没有伴侣的帮助，重塑自我会变得很难。在现代社会里，导致婚姻不睦和破裂的最普遍的原因就是缺乏沟通。夫妻之间或者觉得彼此交流感受非常困难，或者压根不进行沟通。要想真正建立令人满意的关系，你必须愿意与伴侣交流彼此的感受、想法和观点。

因为伴侣之间存在长久的亲密关系，需要良好的沟通。生活中包含着各种忧虑——金钱、工作、孩子——沟通技巧不佳的夫妇可能因此劳燕分飞。你是这不幸的人吗？

爱情与婚姻类型

为了改变婚姻中的沟通障碍，你需要做点什么？维系一场婚姻的关键在于首先要识别自己的婚姻类型。婚姻主要有三种类型：冲突型、衰竭型和发展型。这些名字已经显示了各自的特点：

⊙ 在冲突型婚姻中，夫妻之间频繁争吵。

⊙ 在衰竭型婚姻中，夫妻已经失去激情，成为心不在焉的参与者。

⊙ 发展型婚姻是最好的类型，夫妻通过共同解决问题，不断发展其关系。

现在更是出现了“闪婚闪离”一族，这些情侣会突然结婚但很快又会离婚。这种现象在名人中更多，他们更有可能因为繁忙的工作和复杂的人际关系，在婚前和婚后都未曾有效沟通。

我们经常会在报纸和网络的头条新闻中看到某某名人夫妻离婚的消息。有些名人夫妻的离婚最后会演变成一场互相指责、陷害的狗血闹剧，造成恶劣的社会影响。这其中很多是因为他们在婚姻前后都未能进行良好沟通的恶果。

如果夫妻之间连生活中的小事都无法讨论，如何能够拥有健康而长久的爱情？历来对于“爱”的定义千差万别。一所名牌大学的研究人员发现，“有时被我们称作爱情的感觉来去不定”。对爱情的常见定义是“承诺与伴侣一直共同发展”，使用这种定义，婚姻关系意味着忠实于自己的承诺，即便产生了负面的感受也不违背承诺。

但是人无完人，包括你和你的伴侣。失望和挫折不可避免，如何处理这些问题是保持婚姻稳固的关键。大概人人都向往发展型婚姻关系。发展型关系有一些共性，伴侣双方……

⊙恪守对彼此的承诺。

⊙不断寻找解决问题的方法。

⊙合力维护他们的关系。

一旦和伴侣达成共识，你们需要一个健康快乐的关系，并为此开辟沟通渠道，确定自己能一直遵守这一承诺。

创造氛围

随着时间流逝，伴侣们开始不愿直接表达他们的需要，其实他们是期望另一方能读懂他们的心思。但这种猜来猜去有时会演变成互相猜忌，因为没有人懂得读心术。

创造氛围，开辟沟通渠道才能使你们的关系永远保鲜。

为了创造有利于沟通和有助于关系重塑的氛围，记住这条铂金定律：己所不欲，勿施于人。你渴望被倾听吗？那么学会倾听并理解你的伴侣，了解她或他的观点。别把伴侣的建议当成耳边风。如果可以的话，完成伴侣的要求，以显示你对婚姻的责任。

听完伴侣的建议，自己也提出一些，要求伴侣完成一些她或他有能力并且愿意完成的事情。确定伴侣理解你的要求，可能某个要求在你看来是不言而喻的，但对你的伴侣或配偶而言却有着截然相反的含义。

在完成了倾听、提出建议和满足对方要求之后，你们应学会处理一些事情。有时候需要争论，有时候需要沉默。你刚结束一天的工作，焦躁而饥肠辘辘地回到家中，这可不是讨论伴侣对家中小狗照顾不够的好时机。先吃饭、休息，然后再对伴侣提出这个具体的小建议：她或他应当帮助照料宠物。

即便你和伴侣发生了争吵，一些行为和技巧也有助于平息怒火。包括：

⊙站在对方的立场考虑将要讨论的问题。

⊙开始说话前将负面的情绪降到最低。

⊙不要用命令的语气对伴侣说“应当这样”或者“不应那样”。

⊙摒弃自己无所不知的想法或者优越感。

⊙意识到你的方法可能这次是正确的，但不一定永远正确。

⊙寻找伴侣的优点。

⊙抱着欣赏的态度而不是分析问题的态度。

婚姻或任何关系最富挑战性的一个部分就是如何解决冲突，化解矛盾。每个人都希望按自己的方法行事，然而妥协和沟通才是通往幸福婚姻的必经之路。

婚姻课程

虽然当今社会离婚率越来越高，但是大多数夫妻并不为提高婚姻的成功率作特别的努力。太多人认为他们的爱情是独一无二的，是牢不可破的。他们没有意识到婚姻的维系往往与爱情无关，而与技术有关。

我们去学校学习一门专业，去培训中心学习一项技术，那么该去哪里学习成为一个好的配偶呢？我们中的大多数缺乏成为好伴侣的知识，因此我们需要上一些婚姻课程来帮助自己成为一个好伴侣。

婚姻课程有许多不同主题、方式，有一种婚姻课程主要围绕同情训练，要求伴侣从对方的角度看待问题。这类课程强调移情——移情的倾听和移情的反应。

一些课程关注伴侣间的认同，另一些则强调伴侣间的差异。这类课程将争论看作不可避免的，并试图从中得到收获。这样，你不仅能学到如何争论，而且能学会如何通过这种有组织的“战争”去进行有效沟通。这类课程也会强调争吵之后及时沟通的重要性。争吵被看作是自然发生的，但是夫妻需要相信并且期待这样的结果：他们能通过接受差异和达成妥协来解决问题。

任何好的课程都会重视有效的沟通。如果上完课后你没有看到立竿见影的效果，别放弃。只要你和伴侣都决心让你们的关系富有成效，实现这个目标的机会就很大。

如何保持健康的爱情关系

如何让你们的关系保持健康？下面这些方法也许能帮到你。

一、爱的抚摸

当人们的皮肤受到轻柔的抚摸时，神经系统会通过特定路径向大脑传递快乐的信号。人们已经知道，人类识别疼痛、温度和抚摸的神经系统各自独立。抚摸很重要——今天你有没有抚摸你的伴侣？

二、交换周末

某个周末你的配偶可以做她或他想做的任何事，下一个周末则换成你。或者用周末的一天来满足伴侣的需要，另一天则满足你。参与伴侣的每个愿望，不要心怀不满或偷工减料，你俩都会感觉焕然一新。

三、让爱持久

下次你俩在一起的时候，花1个小时或者更多的时间增进相互了解。将这份安宁和平静作为给自己的礼物，不必考虑时间。哪怕一个月这样做一次，也能改善你们的关系。

四、拥抱彼此

一起看电视时盖着毯子互相拥抱，喁喁私语，分享彼此的小秘密。

五、彼此支持

你和伴侣在不同的纸上写出各自对职业、家庭和其他事情的目标，还可以列出所有你俩关系特有的目标，然后交换。相互支持彼此的目标鼓励对方实现这些目标。

六、交换列表

把所有你希望当时自己能说出“对不起”的时刻，并写下来。然后交换列表。这张表越长，获得伴侣原谅的可能性越大。

重燃爱火

婚姻需要双方的不断成长和学习。你和伴侣都是不断变化的个体，因此要乐意彼此适应。

下面是一些小方法，有助于重新点燃爱的火光：

⊙新的一天从拥抱开始。

⊙送给配偶一张表达爱意的卡片。

⊙每天打电话说三次“我爱你”。

⊙积极聆听，避免武断和指责。

⊙共同完成家务，并将其视为特别的分享时间。

⊙晚上休息前放一首慢歌，一起跳一段舞。

⊙和配偶分享你的小秘密。

⊙一起看星星。

⊙给配偶捏肩捶背。

⊙感谢配偶的称赞和理解。

⊙主动提供帮助。

⊙一起想象两个人变老时的场景。

⊙一起回忆你们的童年趣事。

⊙在艰难的时刻，回忆当初坠入爱河的场景。

⊙列出伴侣如何丰富了你的生活，并和配偶分享。

想象一下，有一个人对你的想法、梦想和观点感兴趣，而你对她或他也怀有同样的兴趣！两个人努力走到一起，努力理解对方，共同度过艰难的时刻。积极改变你们的关系是一段充满乐趣的旅程！

智者忠告

◎ 有效沟通是保持爱情健康长久的关键。

◎ 婚姻课程教你如何改善你们的婚姻关系。

◎ 己所不欲，勿施于人。婚姻中亦如此。

◎ 一些小事通常意义重大。

◎ 永远不要忘记你们当初为什么会结婚。

第二十二章

改善家庭关系

本章亮点

如何应付难伺候的姻亲

爸妈，我长大了

用微笑化解危机

多花点时间和孩子玩在一起、待在一起

自我重塑最困难的部分就是重塑与家庭成员的关系。本章将围绕如何从原有模式中解放出来，在家人面前重新定义自我。

难伺候的姻亲

人们常常会陷入纷繁复杂的家庭关系，在那里，父母、子女、姻亲、兄弟姐妹、姑姨叔舅、侄子外甥，这些人在你的生活中扮演着陈腐的角色，亲戚关系的无处不在往往让你感到疲备和无奈。这其中又以姻亲关系最让人头疼，你是否有一个刁钻的婆婆？你是否有一个不讲道理的岳母？

配偶父母也许是最难相处了，这也是荧屏上婆媳题材的电视剧层出不穷的原因之一。

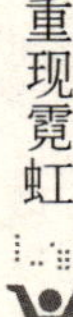

公婆（岳父母）之所以这样对待其儿女的配偶，原因有很多。你需要探究出这些原因，否则就不能重塑你们的关系。例如，你的公婆（岳父母）可能——

- ⊙将你视作其核心家庭的入侵者，即便他们的儿女在社会上已经是完全的成年人，离家已有十多年，并且对伴侣作出了自己的明智选择。
- ⊙对他们与儿女的关系缺乏安全感，并觉得你是破坏他们关系的某种威胁。
- ⊙性格冷漠，从不对任何人表示热情。
- ⊙对其儿女的伴侣抱有不切实际的期望，无论你怎样努力都无法达到他们的期望。
- ⊙无法承认你在遇见他们的儿女之前有一段自己的生活，因此，无法将你视作正常人。
- ⊙与儿女的沟通一直存在障碍，现在又延伸到你身上。
- ⊙潜意识中希望他们的子女永远别结婚。因为那是他们自己逐渐变老的标志。
- ⊙喜欢儿女的前任女友或男友，希望那个人加入其家庭。在他们心目中，任何后来者都永远无法完全满足他们的期望。
- ⊙对你的背景、教育、信仰、出身、社会地位或其他个人特征怀有偏见。
- ⊙认为你像某个令他们不悦的人。
- ⊙为其子女在与你的婚姻中作出的让步感到恼火。例如，你们将住到远离他们的地方，或者你的工作时间不固定或者经常要出差，这些都会给他们的儿女带来麻烦。
- ⊙感到对自己的孩子永远都看不够，现在他们看到她或他的时间少了，而且会有你在场。
- ⊙感到他们与子女的沟通能力是独一无二的，这一“通道”中出现任何其他东西都是一种破坏因素。

⊙ 自己婚姻不幸，并将之投射到儿女的婚姻中，认为你们的婚姻也将是一场不幸的悲剧。这样，在不了解你或者不曾试图了解你的情况下，他们就臆断你将成为其子女痛苦的来源。

⊙ 对你的某些习惯抱有强烈不满——例如你吸烟、喝酒，养了一只大狗，或者沉迷于赌博，这些因素给你在他们心中的整体印象蒙上阴影。

坦白讲，你很难改变自己公婆（岳父母）。要实现相互理解，并与公婆（岳父母）建立更好的关系，最简单的方法就是设身处地为家人着想。

为了重塑与公婆（岳父母）的关系，你首先必须获得他们的尊重。

做到这一点的一个办法就是，如果你并没做错事，就不要不停地道歉，也不要在他们面前显得过度谦卑。无论在不在他们面前，都要做你自己，不要委屈自己。

同时，避免卷入配偶与其父母的战争。随着他们对你的进一步了解，他们原来的看法会逐渐淡化，对你的印象会渐渐改观。

爸妈，我长大了

在处理与父母的关系时，首先要提醒他们你已经是成年人了，这一点很重要。以成年人对成年人的方式和父母交谈，别让他们认为你永远是个长不大的孩子。

对自己作为成年人的角色充满自信，这样你的父母就别无选择，只有把你当作成年人来回应。避免被内疚感操纵，如果你和父母面对面交流时，他们试图让你感到内疚，别做出回答。

别让你的父母没完没了地批评你。他们可能因为是你的父母，而感觉自己有资格批评你。有些批评是客观的、正确的，也是有帮助的，但是父母的批评很容易惹恼儿女，特别是儿女成年以后。

我的权力空间

以一个成年人的姿态出现在叔叔阿姨面前。他们是你父母的兄弟姐妹，因此和任何年长的亲戚一样值得你去尊敬。但是，不能因为你碰巧是他们兄弟或姐妹的孩子，他们就自动拥有对你的权力和特权。

同样，虽然侄子外甥是你的兄弟姐妹的孩子，他们也没有权利在你家里到处疯跑，和你的孩子胡闹，或者占据你的空间。例如……

⊙ 如果他们玩的声音太高了，让他们安静一点。

⊙ 如果他们搞得一团糟，让他们清理干净。

⊙ 如果他们把某个东西开着，让他们关上。

假设你要暂时看管你的侄子或外甥，就用你的家教来要求他们。但要尊重你的兄弟或姐妹在抚养孩子时使用的特定规范和仪式，可能有些你还不知道或者没有听说过。例如，可能他们允许孩子在晚饭前吃零食，但你不允许你的孩子这样做。把他们看做平等的人来对待，区别仅在于他们比你小一些，年轻一些。

多花点时间陪孩子

多花点时间与孩子共处是重塑与他们关系的关键。今天许多家庭面临的问题是他们虽然住在同一幢房子里，但在精神上或感情上早已形同陌路。父母和孩子都坐在沙发上和椅子上，大家一起看电视，虽然是一种亲密和舒适的活动，但这不能代替餐桌上的积极互动、一起下棋或者共同参与一些体育或户外活动。

你必须抽出一段时间留给孩子，比如晚餐时间给他们夹菜，和他们交谈，就像过去你的父母对你做的那样，或者像你爷爷奶奶对你父母做的那样。给他们一个强烈而清晰的信息，外面世界的快节奏不会妨碍你们一家人坐在一起吃晚饭。

我认识一家人，他们在餐桌旁设了一块公告板，每天每个人都会贴出他们想在明天的晚餐时间谈论的话题。这让每个人都有一天的时间准备自己关于这个话题的发言。

上一次你观看孩子踢足球或者在体操房翻跟头是什么时候？如果已经是好几个月以前的事了，也许你该重新安排自己的时间表，以便能更多地顺路看望他们。或许你可以早点去上班，这样就能早些离开或者请个假。也许你可以重新安排午餐时间。

孩子们都非常希望当他们参加体育活动时，有父母在身边为其加油鼓励。同样，参与他们的钢琴独奏、校园戏剧等等任何活动也是如此。他们有表演欲，而且希望你能在那里看着。

让孩子看到工作中的你

你可曾对孩子说过你的工作是做什么的——每一天你真正做些什么？孩子们对你的工作的了解和理解越多，你就越能得到他们的支持。如果你的孩子比较大了，可以和他们分享你小时候的故事，你小时候的目标和志向，向他们讲述你受到的培训和教育，和他们分享你的特别经历。

如果可以，把孩子带到工作单位去。大多数孩子会对此兴致勃勃，虽然这样做可能显得你很过时。如果有什么事能指派他们去做，不妨让他们帮助你几分钟。你还可以：

⊙把他们带到公司食堂共进午餐。

⊙带他们参观你的公司。

⊙ 向他们介绍你的同事。

⊙ 和他们手拉手一起游览。

下一次你上班时和他们通电话，他们就能想象出你在哪里、可能在做什么了。

如果你是搞创作的或者设计的，不妨让孩子看到你的作品。然后，和孩子讨论他们看到的和学到的东西。你可以问他们这些问题：

⊙ 哪个作品给他们留下的印象最深刻？

⊙ 他们看到的和原来想象的是否相符？

⊙ 看完以后他们是否有了什么新目标？

如果你希望和孩子们建立更好的关系，就应当显示出你对他们的尊重。最重要的，通过共处表现你对他们的爱，用关注和夸奖强化他们的好行为。毕竟，孩子们是你自身举止的完美反映。

智者忠告

◎ 对待难伺候的姻亲，前提是尊重他们。

◎ 在父母面前要表现得像个成年人。

◎ 告诉亲戚们，你的空间你作主。

◎ 为家人设身处地的着想，你们的关系会更融洽。

◎ 要与任何人建立更好的关系，必须让他们知道你尊重他们。

◎ 多和孩子相处，用关注和夸奖强化他们的好行为。

第二十三章

广交朋友

本章亮点

在快节奏的生活中保持友谊

重塑友谊从重新发现和审视友谊开始

让友谊保鲜，切忌利用朋友

复兴友谊和结束友谊都是一种重塑

真正的友谊会让你的生命不再孤单，人生更加圆满

在经典电影《生活多美好》中，斯图尔特饰演的青年银行家在自己和银行遭遇危机时，才发现原来身边拥有那么多朋友。这个温馨的友情故事发生在一个小城。在如今这个快节奏的社会里，许多人在繁忙的生活中往往会忽视与朋友的关系。要知道，朋友是我们人生中最宝贵的一笔财富。

友谊都到哪里去了

随着生活节奏的不断加快，越来越多的人开始减少与朋友相处的时间，因为它不像工作和家庭的责任那样迫切，因而显得不那么重要。

许多人觉得当他们需要更多时间时，他们将从朋友那一块划

出，这是不可避免的。毕竟，你无法削减家庭时间或者工作时间，是这样的吗？是，又不是。

在周末，许多人仍然需要工作，还要花时间参与家庭活动。久而久之，与朋友的距离自然就远了。

如今人们比过去任何时候更加不愿参与群体活动，而更愿意宅在家里、泡在网上。人与人之间的基本纽带已经锐减，这使我们的生活和娱乐变得贫乏。

一种反社会倾向正在悄悄走近。诚然，工作的时间压力是一个因素。但更引人注目的是，当前的80后、90后都是看着电视和电脑长大的，因而更忠实于他们的视听习惯而不是真实生活。

为生命而交友

友谊之所以重要，有许多显而易见的原因。有一项最新证据显示，保持亲密的友谊有助于延长寿命，拥有亲密朋友的人出现健康问题的危险较小，而且出现问题后也能更快恢复。这种健康方面的得益随年龄增长而越发显著，因此在老年人中常能看到，朋友更多的老年人一般更健康。

如果长年与朋友们失去联系，当你最需要他们的时候，他们也不会在你身边。无论多大年龄，每当你犯这样的错误——把友谊丢在脑后，你可能就失去了一个重要的感情支持者。

重塑友谊

你该如何重塑友谊这个曾在你生命中占据重要位置的关系？如何重新发现已经被束之高阁、抛诸脑后的友谊呢？

要重塑友谊，首先你必须提高朋友的优先等级。如果因为其他事情占据了你的时间而与朋友们失去联系，一定要想方设法为朋友们找出时间！友谊的维系需要时间。如果你认为丢弃友谊后，等到你方便的时候还可以把它捡起来，那你就大错特错了。几乎没有什么友谊在长时间的完全忽视之后还能存在。

一般情况是，当一段友谊开始被忽视时，往往双方都有责任——特别是今天大家都很忙的情况下，总得有人主动提高友谊的优先等级。这需要修改自己的日程安排以迁就朋友的时间表，相信下一次朋友也会用同样的方式迁就你的。

如果你真的希望重燃友谊，你不会因为从其他地方抽出时间投在友谊上而感到内疚。

理想的情况是，你能通过调整时间表，找出单独与朋友相处的时间。不幸的是，这种理想的情况往往不会出现。因此，你必须有点创意，将与朋友共度的时间纳入日常安排中去。许多已婚夫妇会定期计划一次“约会夜”，这样就能远离家庭和工作事务，共度一段高质量的时光，偶尔邀请朋友参与这类活动是很简便的做法。

如果看电视是你晚间的主要内容，为什么不选择一个节目，每星期和朋友一起欣赏呢？你无须放弃最喜欢的电视，还能与朋友一道分享。看完节目一起吃点宵夜、喝个小酒就更好了。这时你们可以讨论电视情节，由此开始随意地交谈。

工作时的午休时间也是与朋友见面的好时机。虽然可能因为时间冲突或者距离太远而难以实现，但是总有一些机会。如果你和一位朋友很容易就能在同一时间吃午饭，而且你俩的工作地点也相距不太远，你们可以每周聚一次或者每两周聚一次。

将朋友更多纳入日常安排的另一个办法就是一起锻炼。如果你已经开始锻炼，可以邀请朋友加入一起运动。你们可以相互支持，彼此鼓励。这样你能够与朋友一起享受这段时光。

只要愿意去想，你能找到许多方法，将友谊与繁忙的日程结合在一起：

⊙ 如果你喜欢阅读，你可以和朋友约好同读一本书，然后在彼此方便的时候进行讨论。

⊙ 你可以邀请朋友一起观看孩子的比赛。

⊙ 你们可以一道购物。

⊙ 如果在同一家公司上班，可以使用同一辆汽车。

⊙ 只要你俩有时间在一起，任何事都是可能的。

如果你和朋友居住在两个不同城市，不可能一起活动，那也千万不要长时间不联系。如果有段时间你很忙，忘记和朋友们联系，也要在闲暇时给他们发封电子邮件，让他们知道：即便你很忙，他们依然在你心中。一件小礼物就能让友谊茁壮成长，一封简简单单的电子邮件，就能让彼此的心靠得更近。

比电子邮件更好的是打个电话，和朋友说话，约定在不远的将来相聚，这些都使友谊保持生机。应当告诉朋友，即便在生活的压力很大时，她或他依然在你的心中。

切忌利用朋友

除了背叛，最坏的事就是只在自己有需要时才与朋友联系，比方说需要帮助时。当然，朋友确实是可以寻求帮助的对象，但是你必须在平时就为栽培友谊投入时间和精力。

没有人喜欢这种感觉：他或她的友谊只有在别人遇到困难时才变得重要。如果你和朋友的友谊足够稳固，他或她是不会介意在你需要时帮你一把的。

让友谊保鲜

老友是一壶酒，历久弥香；老友也可能是一壶茶，冲的次数越多越觉寡淡无味。时间往往是友谊最大的敌人，但只要你肯花心思就能让自己的友谊永远保鲜。

让友谊保鲜的一种方法是一同参加一个兴趣小组。一般你和最亲密的朋友都有一些共同的兴趣，许多组织或俱乐部都能促进这些兴趣。

如果感兴趣，可以参与这类小组：看电影小组、周末沙龙、诗歌诵读会、志愿者协会，或者任何对你俩来说新鲜的事。

一起去某个你俩都未去过的地方，或者只有一个人去过，另一个可以充当向导。做一些从未一起做过的事。虽然你们有许多共同的兴趣，但是每个人又有他特有的兴趣，如果共同分享，就能让友谊换发青春。

虽然电话和电子邮件可以维系友谊，但也需要面对面地接触。一次有计划的周末出游可能正是你们的友谊所需要的。

友谊复兴

如果因为意见不合而与一位朋友失去联系，但依然感到这段关系值得挽回，那么现在就是最好的行动时机。总要有人迈出修补友谊的第一步，即便这可能会伤到你所谓的自尊心。

有时候一段时间的冷静就足以解决问题。如果问题很小，你会发现当你给朋友打电话时，他已经把那件事给忘记了！

如果这个问题需要讨论，你必须尊重朋友的意见，即便与你

自己的意见相左。没有人说过朋友必须在每件事上都看法相同。事实上，可能正是个性上的差异使你们如此互补，你们各执一词，激发出思想的火花。如果你能做一个好听众，朋友也会好好地听你说话。

详细谈论这个问题，讨论这段友谊对你们的意义，找到重建友谊的共同基础。如果伤口不深，友谊完全可以复兴。

有时重塑意味着结束

别轻易放弃一个好朋友！要找到代替品不是那么容易。但是，有时一段友谊的结束是不可避免的。如果不懈的努力依然无法修补友谊，而且双方对此都很清楚，这时承认结束也许是更好的选择。

多数友谊会随时间流逝逐渐消散，有些则因为一次争斗或者一方的背叛而突然结束。无论哪种情况，友谊结束最常见的原因是一方或者双方已无法再沟通，或者一个朋友不再关心另一个。这两大根本原因都会在人们的生活发生重大变化时出现——例如，一个朋友结婚了，而另一个还是单身。

这种情况下很容易产生被忽视和嫉妒的感觉。只有双方都未曾发生很大改变，或者改变的方向相同，友谊才更可能持久。当朋友在向着不同或者相反的方向发生变化或者成长时，友谊可能会在这一过程中被丢弃。

友谊的真谛

没有朋友的生命是怎样的？友谊给了你生命的定义，正如家庭赋予你父母、孩子的角色，工作赋予你职员的角色。无数诗歌、故事、歌曲、电影和小说都描述了这种美好的关系。当友谊繁盛时，它有力量照亮我们生命中的一切；当友谊枯萎时，它有力量折磨我们的身心。

不过，没有人能告诉你，友谊对你来说的具体含义应当是什么，你应当如何开始、修补和结束。每个人都有不同的答案。惟一不变的是，所有的友谊都值得你付出时间去维系，因为它让你的生命不再孤单，让你的人生更加完满！

智者忠告

◎ 如今有太多人用网络上的朋友来代替现实生活中的朋友。

◎ 如果因为其他事情占用了时间而与朋友失去联系，应当想方设法找出时间与朋友相处。友谊需要时间去维系。

◎ 如果没有朋友，你会发现当自己需要别人的时候没有人在身边。

◎ 和朋友一起加入一个兴趣小组可能让你看到朋友的另一面，甚至看到自己的另一面。

◎ 所有的友谊都值得你付出时间去维系，因为它让你的生命不再孤单，让人的人生更加完满！

第七篇

重塑生活的其他方面

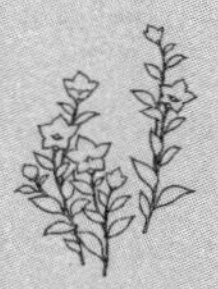

重塑自我包括很多方面，在前面几部分我们介绍了重塑心智、性格、职业、人际关系等，这部分将介绍重塑生活的其他重要方面。首先我们将关注与金钱的关系，金钱在我们的生活中起着非常重要的作用，甚至有时决定我们的人生。

然后我们还将教你发现和重拾兴趣爱好——就是在生活节奏越来越快的今天我们如何才能做我们爱做的事。最后一章将讨论成为你一直希望成为的人——一个可以实现的目标。你的身体、性格、心智、能力，以及其他种种，这一切构成了独特的你，你完全能够从A点到达你向往的B点，实现自我的重塑。

第二十四章

重塑与金钱的关系

本章亮点

写出你的金钱自传，反思你的金钱观

制定合理的金钱目标

通过财务核查计算你的资产

规划你的理财策略

我的梦想：有了钱以后我要……

金钱是我们生活中最强大的力量之一。对有些人来说，金钱是万能的。在我们这个金钱至上的社会中，金钱代表着权力、财富和地位，但金钱也带来了恐惧、罪恶、不安、贪婪和自私。或许这些感觉常常困扰着你。

金钱是什么

我的金融规划师是一位广受尊敬的金融顾问，同时也是一位作家和演说家。

“金钱是一个矛盾统一体，”他说，“它奴役人，同时又解放人；它极度私密，同时又非常公开；如果你将它作为衡量贫富的标准，那你将永远贫穷，因为总有一些东西是你用金钱买不到的。”

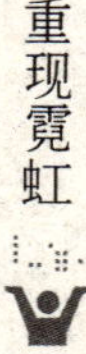

金钱自传

要想知道自己对金钱的态度和与金钱的关系，写出金钱自传是一个不错的方法。如果觉得下笔很难，不妨反思一下你与金钱共度的人生旅程，你将产生一些深层次的认识。

回答下列问题，你将对自己的金钱观有更深刻的认识。当然，你不必回答所有的问题，只回答那些与你密切相关的。

⊙ 童年时代与金钱有关的最愉快的记忆是什么？

⊙ 最不快的记忆呢？

⊙ 你母亲对金钱的态度如何？

⊙ 你父亲对金钱的态度如何？

⊙ 你童年时对金钱持什么态度？

⊙ 你感到贫穷或者富有吗？

⊙ 你为钱担心吗？

⊙ 你少年时对金钱持什么态度？

⊙ 你刚刚成年时，金钱在你的生活中扮演怎样的角色？

⊙ 你为人父母后，金钱在你的生活中扮演怎样的角色？

⊙ 40岁、50岁、60岁时的情形又如何呢？

⊙ 在这些不同的年龄阶段，你对金钱的态度有没有发生改变？

⊙ 你当前的财务状况如何？

⊙ 你花钱比较大手大脚还是锱铢必较？

⊙ 你对自己赚的钱感到内疚吗？

⊙ 你会觊觎他人钱财吗？

⊙ 你会不会用你的钱去冒险？

⊙ 你对金钱恐惧吗？

⊙ 钱会影响你的自尊吗？

- ⊙ 和朋友一起出去吃饭，你会是付账的那个吗？
- ⊙ 你是否会确保支付自己的一份，包括一份小费？
- ⊙ 在你缺钱时，如果别人借给你钱，或者招待你，而你又不能报答什么，你会有什么感受？
- ⊙ 你擅长理财或投资吗？
- ⊙ 你对金钱的态度有没有因遭受某些人生变故而发生改变？
- ⊙ 金钱对你的人生意味着什么？它如何表达你最深的价值观？

回答完这些问题，你可能会大吃一惊！也许出现一些你从未意识到的内容。

撰写关于金钱的自传能揭示你对金钱的态度和消费观念，还能从中发现你的金钱观形成的原因，计算出你现在的财务状况与向往的生活之间的距离。这些发现能让你对金钱有个更正确的认识并制定出良好的财务计划。

如果你非常不善于投资理财，你还应该学习一些这方面的知识，下面是一些学习建议：

- ⊙ 参加投资、理财或者个人金融方面的课程学习。
- ⊙ 每年至少阅读三本相关书籍。
- ⊙ 每天学习一条投资理财知识，一年后，你将成为这方面的专家。
- ⊙ 参加投资俱乐部，和他人讨论如何投资理财。

金钱的价值

遇到金钱问题时，你也许会很沮丧。但是，金钱本身不是目标，它只是帮助你实现某个或某些特定目标的工具。如果你对待金钱的方式与你的个人价值相冲突，你会感到挫败、闷闷不乐。

因此，问自己这个问题：在金钱问题上，什么对我来说最重要？记住，价值——独立、自由、健康、快乐——都是无形的，也没有价格标签。一旦明确了自己的价值，制定目标就容易得多了。

制定金钱目标

把目标写下来。将目标具体化并使之能够度量。例如，假设你的目标之一是为家庭提供财务保障，为实现这一大目标，你制订的小目标是在年底以前积攒1万元。你的目标陈述可以这样写："在201X年12月31日之前，我要积累10000元现金。"接着，用日志或图表的形式跟踪自己的进展，并监督完成情况。

注意下列问题：首先你必须确定这些目标在可能实现的范围内，然后你采取步骤确保其真正实现。要做的第一件事就是在48小时内采取某种行动。例如，如果你的目标是买一幢房子，可以这样开始：上网查询房屋价格，寻找一些即将开盘的楼盘信息或二手房信息，这样你就已经开始行动了。

如果和信任的人分享你的目标，你就更容易实现它们。从天性上说，人类不愿将自己的目标说出去。你会害怕别人不把你当回事或者给你的目标实现施加压力，但是如果你这样做了，你的目标会变得更加真实，并能得到周围人的帮助。

确保目标与价值观一致。这一点的重要性显而易见，同时也是我们从价值观开始讨论的原因。找出五个首要目标并写下来。想想自己已经取得的进步吧——你已经看到了自己的价值，和实现价值的目标体系。

财务核查

你的真实财产有多少？要诚实地回答自己。你知道自己的净资产吗？你知道你的钱在哪里吗？这些问题看似明了，其实有很多人对自己的财务状况并不是很清楚。

净资产就是你拥有的资产减去你的负债。下面这张简单的表格能帮助你计算净资产。

你所拥有的资产

流动资产	
活期账户	¥ ______
储蓄账户	¥ ______
货币市场基金	¥ ______
人寿保险货币价值	¥ ______
其他	¥ ______
流动资产总计	¥ ______
投资资产	
股票	¥ ______
债券	¥ ______
基金	¥ ______
住房公积金	¥ ______
退休金	¥ ______
其他	¥ ______
投资资产总计	¥ ______
个人资产	¥ ______
住房	¥ ______
汽车	¥ ______
珠宝	¥ ______
艺术品 / 古董	¥ ______
其他	¥ ______
个人资产总计	¥ ______
总资产（流动资产＋投资资产＋个人资产）＝	¥ ______

（续表）

你的负债	
信用卡	¥ ______
银行	¥ ______
汽车贷款	¥ ______
未偿还的借款	¥ ______
房屋贷款	¥ ______
抵押贷款	¥ ______
其他	¥ ______
负债总计	¥ ______
总资产 − 总负债 = 净资产	¥ ______

现金流也与你的生活密切相关。现金流意味着你收到的所有现金减去你支出的所有现金。下面的现金流量表可以帮助你计算自己的现金流。

现金流入	
工资、薪水、佣金	¥ ______
分红和利息	¥ ______
奖金、社会保险、养老金	¥ ______
租金	¥ ______
其他	¥ ______
现金流入总计	¥ ______
现金流出	
住房	¥ ______
饮食	¥ ______
衣着	¥ ______
交通	¥ ______
公用事业	¥ ______
税金	¥ ______

（续表）

保险	¥ ________
教育	¥ ________
父母赡养费 / 子女抚养费	¥ ________
娱乐	¥ ________
度假 / 旅行	¥ ________
礼物 / 捐款	¥ ________
其他	¥ ________
现金流出总计	¥ ________
现金流入总计 − 现金流出总计 = 净现金流	¥ ________

从每年预计现金流入中减去预计的现金流出。如果结果为正，那么这一年你将有结余。如果结果为负，说明你入不敷出，可能会有麻烦。

还债和存款

列出你的所有债务，具体到数额、归还日期、利率、债主和每月还款额。选出利息最高的一笔，想想每个月你还能多付多少钱以便早日还清。如果有帮助，不妨画一张表，记录自己如何一步步摆脱债务。

一旦付完这一笔，将原先每月用于支付第一笔债务的金额转移到第二笔上，直到付清。同样，将前两笔的每月支付额用来支付第三笔。这样你摆脱债务的速度就会变得越来越快。

虽然花钱充满乐趣，而且常常也是一种必须，但是今天花出去的一元钱将会一去不复返！所以你要想致富，首先要学会存钱。

如果你不认为自己每天都能存款，那就试试这个“每日饮料和香烟”节省计划。简单计算一下，如果你每天少喝一瓶饮料，或者少抽一包烟，你将节省多少。记录一个星期，看自己一共省了多少钱。

例如，如果你每天少花7元，那么一个月就是210元，一个不小的数字。如果用这210元进行一笔为期20年的投资，假定有10%的回报率，最后你将得到159467元。

管理生活中的金融风险

你需要保护自己和家庭免受金融风险危害。这种保护还能使你内心平静，从而更加从容地追求你的人生目标。为了实现这种保护，你需要存有一定现金，以便应付紧急情况和突发事件，同时确保自己购买了合适的保险。

留出一笔现金，相当于自己3至24个月的开销数额，以备不时之需。具体选择哪个数字取决于你认为自己失业后花多长时间能找到一份新工作。如果你觉得自己在3个月内找到工作不成问题，那就留足3个月的开销。如果需要更长时间，储备就要更多一些。

同时你需要有一份遗嘱或者生前信托，以便在你去世后能使你的家庭得到保护。最基本的生前信托是一份具有双重目的的法律文件，它能帮助你在生前将自己的所有财产的所有权转移到信托机构，并指定身后将这笔财产交给谁。订立之前，你一定要咨询一位合格的金融顾问。

- ⊙ 确保自己的遗嘱或信托及时更新。如果连续五年没有更新，很可能它们会过期。
- ⊙ 确定受益人已经更新并记载准确，特别是当你再婚时。
- ⊙ 确定家人知道你的遗嘱或者信托存放在哪里。这一点似乎不言而喻，但许多时候它们被放在安全储蓄盒或者保险箱里，如果家人找不到钥匙，那么会带来一些不可预料的麻烦。

买一份保险

天有不测风云，人有旦夕祸福，因此你需要一份人寿保险。此外，如果你有一笔巨大财产，你还需要一份财产保险。我还会需要什么保险呢？

养老保险、医疗保险、失业保险、工伤保险和生育保险。

让梦引路

每个人都有这样的梦想：有了钱以后，我要……你的梦想是什么呢？是早点退休还是去马尔代夫旅行。停下来想一想，描绘出你的梦想，然后写下来。

一旦写好，估算梦想成真需要多少钱。记住这些是你的梦想，因此你可以决定现在自己能存下多少钱。为目标而储蓄的最大好处是：它能使储蓄变得激动人心，并将成为你的动力。

运用本章中所讲的内容重塑你与金钱的关系。看看你是不是变得更幸福、更富有了？

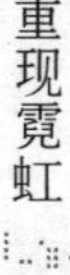

智者忠告

◎ 如果你将金钱作为衡量贫富的标准，你将永远贫穷，因为总有一些东西是你用金钱买不到的。

◎ 写出你的金钱自传，你将对自己的金钱观有更深刻的认识。

◎ 问一问自己：金钱对你来说意味着什么？

◎ 核查自身财务状况，制订可实现的金钱目标。

◎ 天有不测风云，人有旦夕祸福。为自己买一份保险吧！

第二十五章

重拾兴趣爱好

本章亮点

我们都是孩子，我们都渴望玩耍
有一项兴趣爱好是一件幸福的事
你有什么兴趣爱好
重拾兴趣爱好是一次自我更新的机会

还记得孩提时代吗？那时的你有自己的一两种爱好，比方说下棋、弹琴、集邮、画画以及制作各种小玩意。几乎所有的孩子都有自己的兴趣爱好，这成为他们创造的世界的一部分——那个世界的规则由他们自己制定。

孩子般的内心世界

从某种意义上说，我们都是孩子，我们都渴望出去玩耍，不干别的。

我的外甥去年开始收集钱币——没什么重要藏品，范围也不广。最初他在抽屉里发现了一些旧硬币，然后去问妈妈这些是不是值点钱。12个月以后，他已经收集了来自世界各地的各种钱币。虽

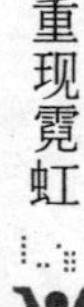

然没有哪枚硬币的价值超过其面值，但是每当有人送给他一枚新的钱币时，他的脸上就会绽放灿烂的笑容。

他自己为钱币设计了独特的分类体系（只有他自己能理解），他还在网上搜索一些钱币的背景知识和价值信息。更重要的是，当他“埋头”于他的收藏时，世界上的一切都不能令他分心。你可以对他说20分钟的话而他却没有听见一个字。他完全沉醉在另一个世界，在那里他是顶级钱币收藏家，没有人能够打扰他。

我们能从孩子们身上学到很多，他们用什么方法充实自己，以及从旁人不以为然的活动中找到如此多的乐趣。

这不是说我们必须真的变回孩子，放弃我们的责任和义务，只是说重新发现童年时的兴趣爱好，重拾它们带来的快乐。玩耍就是全部，抛开一切压力、烦恼，你就变得更自由、更幸福。

其中好处

发现、重拾兴趣爱好有许多好处，下面我就列举几项：

一、从日常事务中转移身心

你是否陷入无边无尽的日常工作、上下班和家务中，似乎没有机会做别的事情？培养兴趣爱好是摆脱这类与日常生活有关的压力的一个好方法。

爱好不仅有助于转移心神，而且能给你一个创造完全属于自己的世界的机会，即便一次只有短短几分钟。

二、新的社交机会

假如你一直想学开摩托车，因此你参加了当地的摩托车俱乐部。于是，你会结交很多志同道合的朋友，或者认识与自己毫无共同点的人。

也许培养一项新爱好能给一份旧友谊带去生机，或者让你和朋友尝试一些日常交往之外的新东西。

三、有益身心健康

兴趣爱好有益身心健康。如果你一直想学游泳，但从来“找不出时间”，那就给自己一个学习的机会，培养这种技能，你能立刻得到乐趣和健康！那不正是每个人在寻找的吗——集锻炼与娱乐于一体？

我的爱好是什么

在这个互联网的时代，获得资讯的方法千千万万，你能从很多地方了解兴趣爱好的有关信息。

兴趣爱好和娱乐消遣的方式有好几百种，这里只作一个简要总结。你定能发现它们值得你的投入。

一、弹琴

学习弹奏一种乐器，可能和小时候比，你需要更多努力和时间，但是任何人都能学会，这不需要什么特殊的知识。一切都会在适当的时刻到来。

并非所有优秀音乐家都是神童。许多专业音乐家直到成年以后很晚才开始演习乐器。

一旦开始学习乐器，你将能更好的欣赏广播里的音乐，因为你会理解创造这些音乐所需要的努力。此外，试想一下在一整天的工作之后回到家中，坐在沙发上抱起吉他，或者坐在钢琴前，在优美的旋律中忘却自我，感动你的灵魂，让你的心灵欢跃，这是多么美

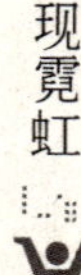

妙的事情！

二、雕塑

想象一下，当米开朗基罗完成雕塑《大卫》时，面对如此美丽的作品，他将感到多么骄傲。当然你无需成为米开朗基罗那么出色的雕塑家，但创造一件稍微成形的东西也能带来无边的快乐。你成为设计师和创造者，以一种从未用过的方式释放了自己的艺术才能和激情。

学习雕塑有两种基本方法。你可以挑选一些基本设备和用具，然后通过不断学习摸索，最终你会形成自己独有的风格。也可以寻找愿意教课的当地雕塑家，跟随名家学习，你的雕刻技术会增长更快，你终会雕出属于自己的伟大作品。

三、画画

一位朋友曾经告诉我，她最喜欢的事莫过于拿着画笔坐在那里，不是描绘什么壮丽的图画，只是在画布上胡乱涂抹。这种涂鸦之作往往相当精彩。在画画方面，她从来没有正式学过，也没有读过任何书，她只是喜欢画！

画画让她有机会坐下来享受自己的乐趣——不受电视、互联网和尘世喧嚣的干扰。在社区艺术中心或者老年大学参加课程学习其实很容易，但是她选择自学，你也可以这样做。

给自己一些和画笔玩耍的时间，你会发现自己更放松、压力更小了。

四、摄影

几乎每个人都喜欢拍摄和保存照片，但是照片经常无法忠实记录我们的回忆。通过学习如何拍出好照片，你就能让记忆成为永恒。

和本章讨论的其他爱好一样，任何人都能够学会摄影技巧，你需要的仅仅是足够的实践或者恰当的训练，你就能拍出精美的照片。

五、驾驶

开车是你每天都必须做的事，可是你对此还心存恐惧。兜风——行驶在开阔的道路上，看它通向何方——则是截然不同的体验。无论你喜欢古董车、改装车，还是摩托车，数百万公里的开阔道路在等待着你。

六、缝纫

你想学习哪种缝纫技能？缝被子、十字绣、钩针，还是做衣服？去当地布店或者刺绣店看看他们有没有开办这类课程。如果没有，从网上或者书上搜索相关知识，然后自学。

七、园艺

亲自料理花园能够成为日常生活的巨大消遣！园艺提供了栽培和培育某样东西的机会，同时还是美化和装饰家庭的一种简单的方法。无论你是决定在屋子周围种上鲜花还是在室内培育芳草园，这种爱好都很简单易行，只需一些种子、优质的土壤、充足的阳光、一点水、一点时间和足够的耐心。结果可能带来巨大的成就感，甚至带来美味（自家种的蔬菜往往比店里买的味道更好）。

八、烹饪

烹饪是一种艺术，虽然你的作品无法长期保存（当然每位厨师都希望它尽早被“消灭”）。这门艺术要求掌握配料和作料之间微妙的组合平衡。虽然初学者常常抱怨自己烹饪的饭菜味道太差，但烹饪其实不难。

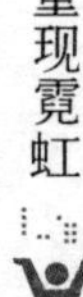

想学习烹饪或者提高烹饪水平，可以找到成千上万本有关的书。除了看书、上网，或者由有经验的厨师教，其实最好的方法是

不断尝试。通过这个方法你能形成自己的风格和技巧。如果弄砸了，再试一次；如果成功了，就好好享用吧！

当然还有很多兴趣爱好供你选择，比如书法、篆刻、木工等等，只要你喜欢都能发展成为你的特长。

爱好和自新

无论选择哪种方式，兴趣爱好都能提供放松、娱乐、自新和重塑的机会。为什么不重拾过去的一项爱好，或者找到一项持久而有益的新爱好呢？

智者忠告

◎ 在内心深处我们都是孩子，常常需要重拾自己喜爱的娱乐消遣。

◎ 兴趣爱好在缓解压力方面的效果比任何药物都要好。

◎ 重拾兴趣爱好，能让我们从日常生活中抽身，投入到一个无人打扰的宁静世界。

◎ 追求长久的幸福而不是短暂的快乐。

◎ 爱好的选择无穷无尽，比如弹琴、画画、烹饪、书法等。关键在于找到自己的喜好所在。

第二十六章

你一直想成为的那个人

本章亮点

情感智慧

关注目标能让你斗志昂扬

学会原谅，请从原谅自已开始

无论生命长短，每一天都弥足珍贵

这一章，我们将探索关于重塑生命的其他见解，比如依靠情感智慧、具备使命感、有远见、学会原谅，以及接受无法改变的事实等。

另一种智慧

在《情感智慧》一书中作者说道，情感智慧反映了“情感大脑的作用，那是产生和调节感觉、恐惧、情绪和愤怒的部分”。作者认为情感智慧由五个相近的因素组成：

⊙ **自知**。自知能对我们的一切决定产生重大影响。

⊙ **情绪管理**。沮丧、焦虑和愤怒会干扰大脑工作，影响大脑组织事实和观点的能力。

⊙ **动力**。这是保持希望和乐观的能力。

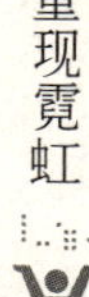

⊙ **移情。**对他人感觉的敏感性是理解他人需要，调整自身行为的关键。

⊙ **社交技能。**这是应对他人感情、协调、说服和领导的能力。

对自己拥有的感觉越了解，管理自身态度的能力就越高。这里有很多提高情感智慧的方法，能帮你更好地控制生活的各个方面。

⊙ **养成自省习惯。**一天中进行多次自我反省，努力发现自己的不足。利用这些时刻进行小型评估。虽然这看起来很简单，但是很多人甚至一个月也不会这样做一次。所谓“吾日三省吾身”即是此意。

⊙ **降低焦虑感。**在本系列丛书的《心灵瑜伽》一书中，这样的技巧有一大筐。如果感到恐惧或者沮丧，利用这些技巧激发自己，振作精神。

⊙ **调整移情能力。**这很有现实意义——生活由许多人组成，将注意力集中在自己以外的某个人身上能让你找到极好视角。

⊙ **提高社交技巧。**通过沟通、倾听和倾诉促进人际关系的和谐。

⊙ **培养信心，增加动力。**如果信心有所下降，立刻树立一个目标。

关注目标能让你斗志昂扬

如果你想对自己的生活真正做到坦白公正，那么下列三个方面值得你仔细考虑：

⊙ 你现在处在什么位置

⊙ 你希望处在什么位置

⊙ 你计划如何到达哪里

正如我们在第三章“评估你的位置”中讨论的，评估自己选择的位置、决定如何制订计划，能够你开始重塑人生。想想你所认识的目标坚定、奋力向上的人。和其他人一样，他们一定跌倒过、受阻过，但是他们没有放弃，而是调整战略，寻找另一条前进的道路，无怨无悔地追求自己的目标。他们常常为自己的成就感到自豪，因为他们没有被环境压倒，依然沿自己选择的路走下去。

请赐予我安宁

无论你多么希望、如何努力，有些事情就是无法避免而且不能改变。与其因为无法改变的事情而感到沮丧，不如改变自己对它的看法。例如，如果你早晨上班时路上总是拥挤不堪、一片混乱，与其干着急，为什么不利用这段时间来思考人生呢？

不要因为缓慢的车速而感到泄气，不妨在到达办公室以前安排好一天的计划。你不能让交通拥堵消失，但是你能扭转恼人的局面，并最大限度地加以利用。

有意识地选择从积极的方面思考问题，你将更能保持对局面的控制，继而驱散弥漫周围的消极力量。如果能将消极因素抛在身后，你就已经在培育积极力量和幸福的过程中重塑了自己的生活。

如果你难以从看似完全糟糕的处境中找出积极的方面，那么记住这句话：“一切都会过去的。”这个世界上几乎没有什么东西能长时间保持不变，想想看如果不是这样生活将是多么乏味！想要每时每刻控制周围的环境是一种徒劳，放弃这种想法则是重塑生活的深刻方式。承认自己并不能永远控制结果，从每件事中寻找积极面吧，那样你的心灵才能得到安宁。

学会原谅

不要忘记原谅这一传统美德。真正的原谅比报复更难做到。电

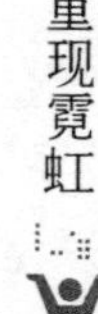

影里的罪犯得到应有的惩罚时，我们不是都在欢呼吗？如是，最终实现救赎的却是原谅。

原谅是成功的关系中不可缺少的因素（正如第五篇“重塑人际关系”中所讨论的）。不要为了维持与某人关系而去原谅，应该把原谅看作有益于自身和生命的东西，因为关注积极面和原谅他人能让你得到放松、减轻压力。

《七十乘以七》的作者说：“原谅不是不追究无知或者伤害。也不是一种虚伪的、旨在显示高尚的谦卑。”

如果难以原谅他人，你会发现自己被囚禁在仇恨的牢笼中，无法释怀的愤怒都将毒害你的灵魂。

学会原谅，请从原谅自己开始

原谅自己是最能振奋精神的一种原谅。如果你听到某人说“我就是不能原谅自己做了某某事”，你就知道，这个人住在自己建造的内疚、惭愧和自责的监牢里。如果你能原谅自己，就等于承认自己经验有限，这将有助于你的精神成长。

原谅是一种解放自己的态度，并帮助我们美丽而平衡地生活，不对自己或他人横加判断或期望。与其让自己或别人做的某件事给你带来无穷痛苦，还不如原谅自己或那个人，从而释放那些不必要的感情包袱。你会感觉轻松很多，从而更加幸福。随着时间推移，你会发现心里的负担越来越少。

珍爱生命

假如你现在只剩下3个月的生命，你会做什么？这种假设能将生命提高到一个新的层次。真正重要的东西将会浮现，次要目标将退到一边。我们将与心爱的人更多相处，参加自己真正喜欢的活动。

事实上，假设是一回事，真正只剩下3个月又是另一回事。如果假设的事情并未发生形势可能就大不同了。你离开了工作，卖掉了房子并用这笔钱周游世界。在花光所有的钱、卖掉房子以后，事实上还有30年甚至50年的时间可以活，那时你会陷入困境。这里的关键在于“假设”本身并不能让你真正认识到生命中的重要东西。

其实假设的“那一天”的到来会比你想象的来得更快。那一天，你将真的只剩下3个月的生命。为什么不从现在开始就珍惜每一天，更充实地度过生命中的每一天呢？

不要让生命留下遗憾

有一天——我希望对你来说快点到来——你会意识到什么才是生命中最重要的东西，那时你会用一种新的方式来看待生活。你会意识到那些最重要的人却被你忽视了。

我的心理学老师有篇纪念他母亲的文章，我把这篇文章作为本书的结尾，以让每位读者和我一起分享，这位伟大母亲所诠释的生命意义！

我尽力追求今生无憾，但未来得及对父亲尽孝是我的一大遗憾。他未到61岁就去世了，本来打算62岁退休，我已经计划到时为他举办一场隆重的退休盛会。我从未想到他未能活到那时。

幸运的是，我有一位伟大的母亲。当父亲1987年去世以后，母亲重塑了她自己——在我的生活中扮演了更重要的角色，而精神的力量则在她的生活中越发重要。

父亲去世时，母亲正开车去探望千里之外的姨妈。父亲去世

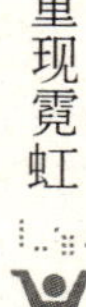

后，哥哥、姐姐和我猜想母亲现在至少已经到了姨妈家。我们打电话给姨妈，告知这个沉痛的消息，并让她先不要告诉母亲真相，让母亲赶紧回家。

后来我们才知道，姨妈明智地选择了告诉母亲真相。当母亲到达姨妈家时，姨妈说："孩子们要我告诉你他病重，让你立刻回家。但事实是，他已经走了。"

母亲回家后告诉我们，她需要这路上的8个小时时间，来反思她和父亲共同走过的34个春秋。他没有任何预兆地走了，母亲在不到55岁时忽然成了寡妇。驾车时，她一边流泪一边想着即将到来的事，以及自己以后的人生。独自行驶在高速公路上，前方是一个空荡荡的家，这8个小时一定是漫长无边的。

一年以后，另一场不幸降临我的家庭，我的姐姐突然去世，但是，生活的悲剧和伤痛从未击倒母亲。从许多方面来说，母亲是幸运的，她几乎工作到最后一刻。她的思维依旧敏锐，并不断追求新兴趣，她依然以慈爱和关注的眼光看待她的孩子们。当母亲病重，在生命的最后一刻到来时，她勇敢面对，就像她一直以来所显示的勇气一样。

即便听到坏消息，她依然表现得很豁达——她依然逛商场购新衣，并制订了长期保健计划。她在世上的日子已经屈指可数，但她表现出非一般的勇敢。日子越来越少，但她坚持做好自己的事，她无惧无畏，将自己的不适放到一边，关心每个人的生活。

母亲相信活好在世的每一天，她不相信来世，也不相信轮回。为了纪念我的母亲，我以母亲最喜欢的一首诗作为本文的结尾。许多年后的今天，当我读起它时依旧哽咽难耐，它比任何东西都要能代表我的母亲以及她离世时依然带有的重塑精神。

别站在我坟前哭泣，
我不在那里，我没有沉睡。

我是吹过的阵阵清风；
我是雪花的钻石光芒；
我是谷粒上闪烁的阳光，
我是秋日绵绵的细雨。
当你早晨悄悄地醒来，
我是静静盘旋的鸟儿，
敏捷欢快地飞过。
我是夜晚柔和的星光。
别站在坟前哭泣，
我不在那里，我没有沉睡。

智者忠告

◎ 依靠情感智慧进行自我重塑。

◎ 释放过去，原谅自己和他人，以此获得平静。

◎ 有意识地选择从积极的方面思考问题，驱散弥漫周围的消极力量。

◎ 从现在开始，珍惜度过的每一天，更充实地度过生命中的每一天，不要让生命留下遗憾。

◎ 人生是一个不断反省、自我重塑的过程。无论你现在年龄多大、身处何职，都要保持重塑精神。

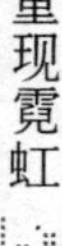

后　　记

说起编写这套丛书的初衷，源于与心智网 CEO 王伟杰的一次谈话。我和王伟杰先生是多年的好友，作为华东师范大学心理学院应用心理学专业在读博士和上海心理学会应用心理学专业委员会委员，他多年来一直在心理学领域从事研究和培训工作。2008 年创办的心智网（www.xinzhi99.com）是国家职业心理咨询师培训上海基地和指定远程培训单位，5 年来为上海市培养大批优秀心理咨询师，同时也为上海心理学会推荐大批优秀会员。长久以来，一直想和他探讨关于幸福感的问题，那次终于让我们有了这样一个机会。

“你觉得当下我们的国人幸福吗？”我问。

“也幸福也不幸福。”他答。

他的回答很古怪，我想追问，但仔细品味，又觉得很有道理。于是又问：“那你认为阻碍我们追求幸福的因素有哪些呢？”

“过多的压力、爱的缺失以及个人价值的难以实现。”

“有什么解决办法？”

“释放压力，找回爱，重塑自我。”

他简洁而又有些许禅意的回答让我默然良久。突然，我俩相视一笑，心有灵犀般地交换了一下眼神，好像找到了一个解决问题的相同的答案。

“那我们何不合作写一套丛书，就以减压、寻爱和重塑为主题，我来提供理论方法和案例分析，你来编写、整合、润色，也算我们

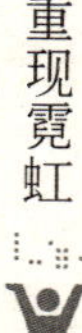

为纠结中的国人贡献一份绵薄之力。”又被他抢白了，我淡然一笑。

于是，这套丛书就在那次愉快的谈话中诞生了。90 多年前胡适先生曾以“多研究些问题，少谈些主义”表明自己做实事的态度，我们编写这本书时也定下了“少谈些理论，多给些方法”的基本原则，因为我们知道我们要做一套人人能读懂的通俗的心理学丛书，一套能解决人们现实问题、对人有所启发和帮助的实用的生活宝典。我们是要帮助读者解决他们直接面临和急需解决的现实问题，告诉读者如何用积极的心态和正确的方法去面对我们人生路上的绊脚石！整套书读下来，你会发现书中有大大小小上百个简单实用的策略方法和趣味测试，相信一定会对你有所帮助。

俗话说：赠人玫瑰，手有余香。在这套书的编写过程中，我们也时常回顾和反省自己走过的路，摒弃负能量，获取正能量，心灵得到了成长。

此外，在本书的编写过程中，也得到了各方专家、学者和朋友的支持和帮助，特别是上海科学普及出版社的安春杰、吴隆庆、张颖老师花费了大量的时间和精力为本书做了详细的修改、校对，心智网的许多老师对丛书内容的编排提出了很好的建议，在此一并表示感谢。